Geschichte des deutschen Lokomotivbaus

Geschichte des deutschen Lokomotivbaus

Prof. Dipl.-Ing. Gerhard Tiffe

GEORG SIEMENS VERLAGSBUCHHANDLUNG

**CIP-Kurztitelaufnahme der
Deutschen Bibliothek**

Tiffe, Gerhard:
Geschichte des deutschen
Lokomotivbaus
von Gerhard Tiffe.
– Berlin: Siemens, 1985
ISBN 3-87749-050-6

Ein GSV-Buch
»Eisenbahnwesen«
Redaktion und Lektorat:
Dipl.-Ing.
Manfred Benzenberg
Tutzing

ISBN 3-87749-050-6

© Copyright 1985 by
Georg Siemens Verlagsbuchhandlung,
Berlin

Lichtsatz: Druckerei Hellmich, Berlin
Druck: Mercedes-Druck, Berlin
Buchbinderei: Fritzsche-Ludwig, Berlin
Einbandgestaltung: Eva Latka, Berlin

Inhalt

Vorwort des Verfassers

1985 feiert die Eisenbahn in Deutschland ihr 150jähriges Bestehen. 1835 fuhr der erste Eisenbahnzug in Deutschland zwischen den Nachbarstädten Nürnberg und Fürth.

Wohl kein anderes Ereignis hat in der Vergangenheit so tiefgreifende Veränderungen im Zusammenleben der Menschen bewirkt, wie die Erfindung der Eisenbahn. Erinnern wir uns doch einmal:

Noch im ersten Quartal des vorigen Jahrhunderts standen als Landverkehrsmittel nur die mit Pferden bespannte Kutsche, für den öffentlichen Verkehr die Postkutsche, für die Güterbeförderung der von Pferden – oft vielspännig – gezogene Kasten- oder Planwagen zur Verfügung. Für Einzelreisende gab es noch das Reitpferd, darüber hinaus nur noch „Schusters Rappen". Die Beförderungsgeschwindigkeit für Güter und Menschen lag dabei kaum über der eines Fußgängers, Reiter und Expreß-Postkutschen schafften über größere Entfernungen vielleicht 10 bis 12 km/h.

Die Folge war, daß nur wenige – meist Begüterte – aus ihrer engeren Wohnregion herauskamen. Die meisten lebten, heirateten und starben in dem Ort, in dem sie geboren waren oder doch in seiner engeren Umgebung. Dies änderte sich um die Mitte des vorigen Jahrhunderts fast schlagartig. Die Eisenbahn bewirkte in wenigen Jahrzehnten die radikale Veränderung des Verkehrs- und Transportwesens, das bis zu diesem Zeitpunkt durch viele Jahrhunderte praktisch unverändert geblieben war. Menschen und Güter wurden mobiler.

Das 150jährige Jubiläum der deutschen Eisenbahnen rechtfertigt sicher, sich auch einmal mit der Geschichte des Lokomotivbaus in Deutschland zu befassen. Die nachstehenden Ausführungen entsprechen dem inhaltlich wesentlich erweiterten Stoff zweier Vorträge, die der Verfasser am 17. Januar 1984 bzw. am 22. Januar 1985 im Rahmen der Wintervorträge des Deutschen Museums und des Arbeitskreises Technikgeschichte im Verein Deutscher Ingenieure in München gehalten hat. Der erste Vortrag behandelte „Die Anfänge des Lokomotivbaus in Deutschland", das ist der Zeitraum von 1815 bis etwa zur Jahrhundertwende. Schon 20 Jahre vor 1835, dem Jahr der Eröffnung der ersten deutschen Eisenbahn, hatte die Königliche Eisengießerei zu Berlin eine nach englischem Vorbild gebaute Lokomotive den erstaunten Berlinern auf ihrem Fabrikhof gegen Eintrittsgeld vorgeführt.

Das Thema des zweiten Vortrages war „Der Deutsche Lokomotivbau im 20. Jahrhundert" und schloß sich inhaltlich an den ersten Vortrag an, umfaßte also die Zeit etwa von der Jahrhundertwende bis heute.

Auch in dem jetzt vorliegenden erweiterten Umfang hat der Verfasser die zeitliche Zäsur um die Jahrhundertwende beibehalten, da mit ihr zweifellos der Strukturwandel von der Dampflokomotive zur elektrischen Lokomotive und zur Lokomotive mit Antrieb durch Verbrennungskraftmaschine eingeleitet wurde, auch wenn bis zur Vollendung dieser Umstellung noch Jahrzehnte vergehen sollten.

Und noch eine Vorbemerkung erscheint notwendig: Die politische Landkarte Deutschlands hat in den behandelten 170 Jahren deutscher Lokomotivgeschichte mehrfach erhebliche Änderungen erfahren. Auf den Deutschen Bund mit seinen 39 mehr oder weniger selbständigen Mitgliedern folgte erst 1871 ein einheitliches Deutsches Reich. Der Verfasser beschränkt seine Ausführungen auf dieses Gebiet. Der österreichische Lokomotivbau ist deshalb nicht eingeschlossen. Diese Abgrenzung wurde auch bei der Behandlung des deutschen Lokomotivbaus im 20. Jahrhundert beibehalten, obgleich das Ende des Ersten Weltkrieges bereits veränderte Grenzen brachte und nach dem Zweiten Weltkrieg Rest-Deutschland auch noch in zwei deutsche Staaten geteilt wurde.

Eine Ausnahme bildet lediglich die Zeit des Zweiten Weltkrieges, in der beim Bau der damaligen Kriegsdampflokomotive auch in Österreich und in den besetzten Gebieten Produktionsziffern erreicht wurden, wie es sie weder vorher noch nachher auch nur annähernd gegeben hat.

Zum Abschluß ist es mir ein Bedürfnis, den Firmen zu danken, die mich durch Überlassung von Unterlagen und Bildmaterial unterstützt haben: KRAUSS-MAFFEI, Krupp-Industrietechnik, THYSSEN-HENSCHEL und Krupp-MaK, aber auch AEG, BBC und Siemens. Ebenso danke ich dem Bundesbahn-Zentralamt München, dem Deutschen Museum, München, sowie den Herren Ernst Schörner und Ralf Roman Rossberg für die Besorgung von Bildmaterial. Ohne ihre Hilfe wäre es nicht möglich gewesen, diese meines Wissens erstmalige Zusammenfassung der Geschichte des deutschen Lokomotivbaus und seiner Unternehmen zu schreiben.

München, im September 1985

Die Anfänge des Lokomotivbaus
in Deutschland
von 1815 bis zur Jahrhundertwende

Die Vorgeschichte

Voraussetzung für den Bau der Dampflokomotive war die Erfindung der Dampfmaschine durch den Engländer James Watt gegen Ende des 18. Jahrhunderts. Seine Erfindung ließ bald den Wunsch aufkommen, die Dampfmaschine auch zum Antrieb und zur Fortbewegung von Landfahrzeugen zu verwenden. Der Engländer Trevithik fuhr schon 1802 mit seinem Dampfwagen auf der Landstraße bei Plymouth. Der Franzose Cugnot war sogar schon vor ihm, 1770, mit einem Dampfwagen gefahren. Wegen der schweren Lenkbarkeit des durch Kessel und Dampfmaschine hoch belasteten Vorderrades landete er aber schließlich an einer Mauer, womit diese Episode beendet war.

Abb. 1

1
Dampfwagen von Cugnot, 1770

Nichts lag näher als der Gedanke, auch Schienenfahrzeuge mit der Dampfmaschine anzutreiben. Die Schienenbahn war ja schon da, die Fahrzeuge wurden aber noch mit Muskelkraft oder Pferdekraft bewegt. Es gab auch Seilbahnen, die mit Hilfe einer stationären Dampfmaschine angetrieben wurden. Als Beispiele zahlreicher Versuche mögen Trevithiks „Invicta" aus dem Jahr 1804 dienen und der „Puffing Billy" von Hedley aus dem Jahr 1813. Beide unterscheiden sich grundsätzlich von dem Erscheinungsbild späterer Lokomotiven aus der „Gründerzeit" des Lokomotivbaus: Die Achsen wurden durch Zahnräder angetrieben. Daß man damals noch keine genaueren Kenntnisse von den Reibungsverhältnissen hatte oder ihnen doch sehr mißtrauisch gegenüberstand, zeigen die Zahnrad-Lokomotive von Blenkinsop aus dem Jahr 1812, die für den Betrieb in der Ebene konzipiert war, und eine Lokomotive mit „Beinen" von Brenton aus dem Jahr 1813. Letztere stieß sich mit einer Art Stelzen vom Erdboden ab, die Räder wurden nicht angetrieben. Sie alle verschwanden bald wieder in der Versenkung. Erst der Engländer George Stephenson kann als der eigentliche Vater der Dampflokomotive angesehen werden.

Abb. 2
Abb. 3

Abb. 4

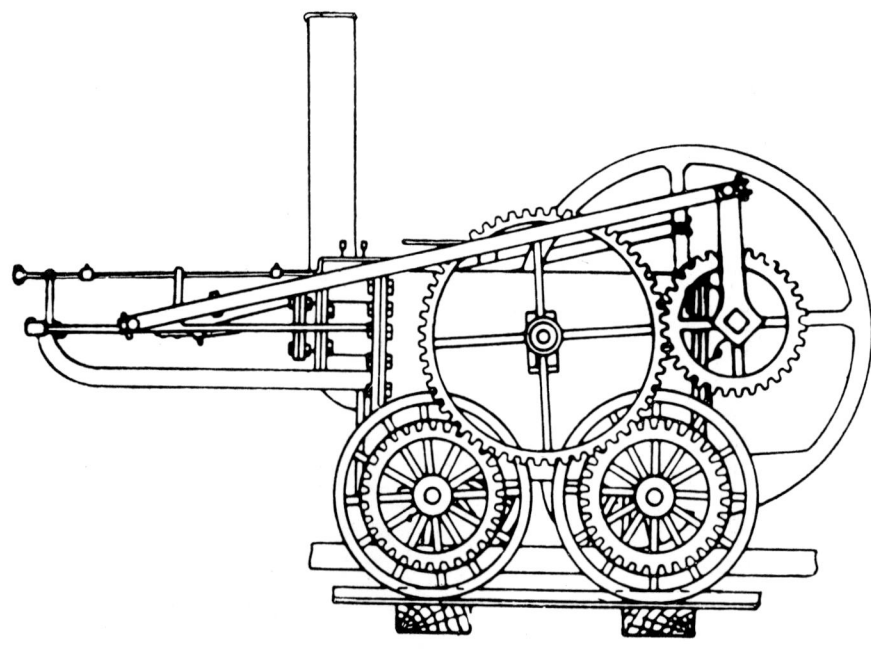

2
Lokomotive „Invicta" von Trevithik,
1804

3
Lokomotive „Puffing Billy" von
Hedley, 1813

4	5
6	7

4
Lokomotive von Blenkinsop, 1812

5
Lokomotive „Locomotion" von
Stephenson, 1825

6
Die „Rocket" von Stephenson, 1829

7
Kessel der „Rocket"

12

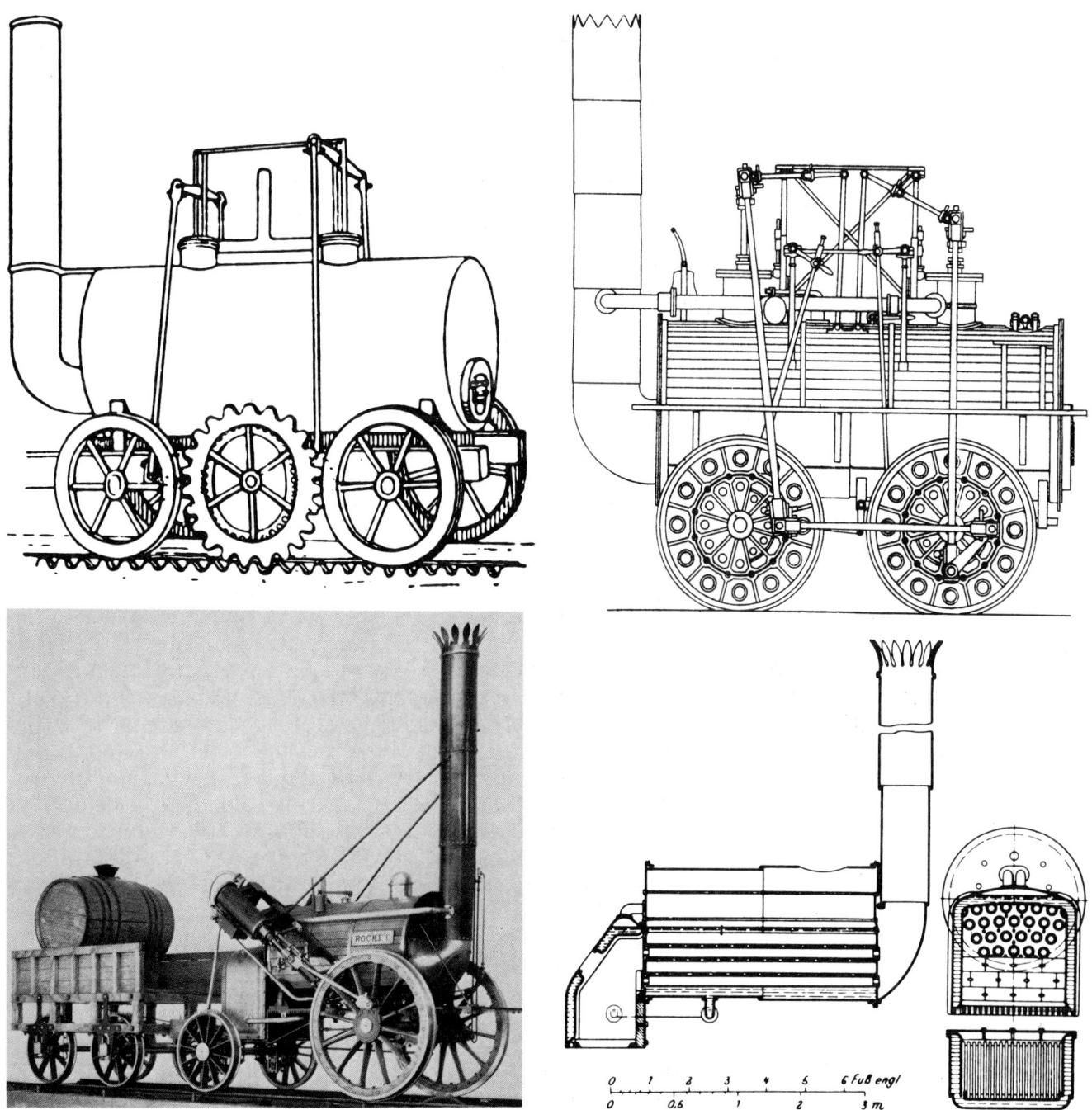

Abb. 5

Nach anfänglichen Versuchen und Fehlschlägen beförderte Stephenson mit seiner Lokomotive „Locomotion" 1825 den ersten Personenzug auf der Strecke Stockton – Darlington in England. Bei der „Locomotion" ist eine gewisse Ähnlichkeit mit dem „Puffing Billy" von Hedley nicht zu übersehen. Das gilt besonders für die Anordnung der Dampfmaschine am Kessel. Immerhin wurden aber die Räder bereits durch Stangen angetrieben. Sicher hat sich Stephenson zu diesem Zeitpunkt noch von Hedleys Konstruktion beeinflussen las-

Abb. 6

sen. Dann aber schuf er mit seiner Lokomotive „Rocket" ein völlig neues eigenes Konzept, das in seinen Grundzügen – Langkessel mit

Abb. 7

Rauchrohren, Feuerbüchse am hinteren Kesselende, Rauchkammer mit Schornstein vorn, direkter Kurbeltrieb auf die Treibräder – für die nächsten mehr als 100 Jahre Dampflokomotiventwicklung praktisch unverändert blieb. Sein Erfolg „Stockton – Darlington" 1825, bestätigt durch den Sieg seiner „Rocket" beim Lokomotivrennen von Rainhill 1829, führte zum Durchbruch der Eisenbahn und ihrer Lokomotivtechnik. Die erwähnten Ereignisse leiteten umwälzende Veränderungen in der Verkehrs- und Transporttechnik ein und führten in den folgenden Jahrzehnten zu einem regelrechten „Eisenbahn-Boom", auch in Deutschland.

Nur zehn Jahre nach „Stockton–Darlington" und nur sechs Jahre nach „Rainhill" fuhr auch in Deutschland die erste Eisenbahn. Trotzdem ist dies nicht der Anfang des deutschen Lokomotivbaus.

Abb. 8

Die Lokomotive „Adler", die 1835 den ersten deutschen Eisenbahnzug zwischen Nürnberg und Fürth zog, stammte aus England, von

Abb. 9

Stephenson. Sie war die nur geringfügig abgeänderte Bauart „Patentee", die Stephenson zwei Jahre zuvor erstmalig gebaut hatte. Bei letzterer ist eine noch größere Übereinstimmung mit den Grundzügen späterer Entwicklungen festzustellen. Außer den schon bei der „Rocket" erwähnten Einzelheiten zeigte die „Patentee" eine richtige Rauchkammer mit Blasrohr zur Anfachung des Feuers auf dem Rost, allerdings auch den für englische Lokomotiven bis in unser Jahrhundert charakteristischen, für die Wartung nicht gerade vorteilhaften Innenantrieb.

Auch andere deutsche Bahnen mußten damals ihre Lokomotiven noch importieren. Sie kauften sie in England und den USA, die mit ihrem Lokomotivbau den Engländern dicht auf den Fersen waren. Nur drei Jahre nach „Nürnberg–Fürth" wurde die Strecke Berlin–Potsdam eröffnet. Ebenfalls 1838 folgten Braunschweig–Wolfenbüttel und Düsseldorf–Erkrath. 1839 war Leipzig–Dresden fertig. 1840 folgten Magdeburg–Halle–Leipzig, Frankfurt–Wiesbaden, Mün-

*8
Lokomotive „Adler" der Eisenbahn
Nürnberg – Fürth, 1835*

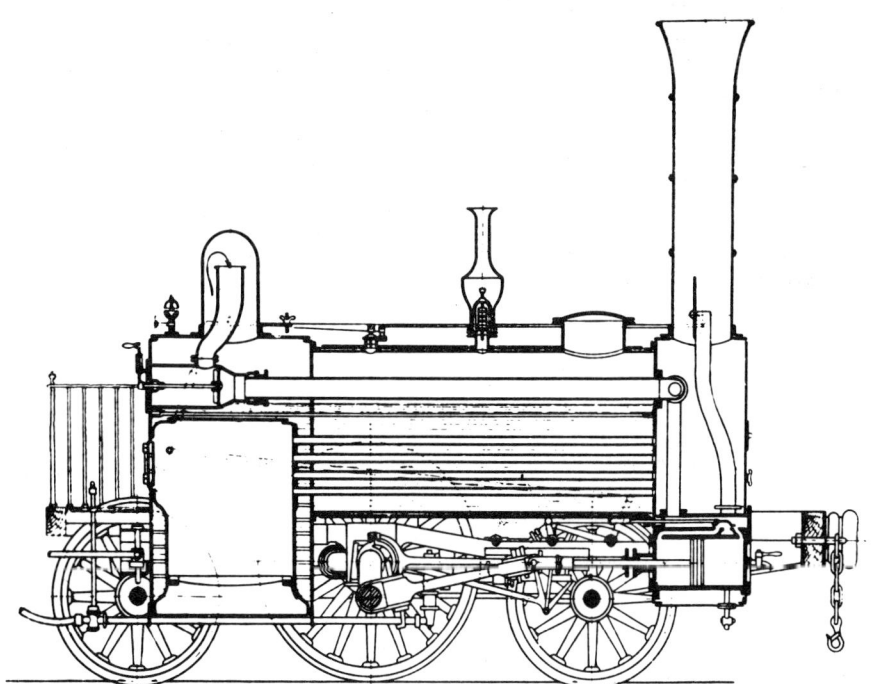

*9
Lokomotive „Patentee" von
Stephenson, 1833*

10
Die Deutschen Eisenbahnen 1835–1850

Von 1835 bis Ende 1845 eröffnete Eisenbahnen
"   1846 "   " 1850 "   "

Abb. 10

chen–Augsburg und Mannheim–Heidelberg. Ein Blick auf die Strekkenkarte der deutschen Eisenbahnen im Jahre 1850 läßt ermessen, was damals in wenigen Jahren geleistet wurde. Allerdings sind auch die Folgen der damaligen Vielstaatlichkeit nicht zu übersehen. Jedes Mitglied des Deutschen Bundes begann getrennt vom Nachbarn innerhalb seiner Grenzen mit dem Bau einer Eisenbahn, die dann oft vor der Landesgrenze endete. Es dauerte manchmal lange Zeit, bis die einzelnen Teilstücke zu durchgehenden Fernstrecken verbunden waren.

Abb. 11

Zwei Beispiele mögen einen Eindruck von den bei einzelnen der genannten Bahnen verwendeten amerikanischen Lokomotiven vermitteln. Die Lokomotiven der Eisenbahn Berlin–Potsdam aus dem Jahr 1839 bzw. der Württembergischen Staatsbahn aus dem Jahr 1845 zeigen mit ihrer Achsanordnung 2'A n2 bzw. 2'B n2*) ein Erscheinungsbild, das von den damaligen englischen Lokomotiven

Abb. 12

deutlich abweicht. Dampfseitig entsprechen beide von Norris, Philadelphia, gebauten Lokomotiven etwa der „Patentee" von Stephenson, im Gegensatz zu dieser sind jedoch Zylinder und Stangenantrieb außen angeordnet. Hierauf wird noch bei der Erörterung der deutschen Entwicklungen zurückzukommen sein.

*) Kennzeichnung der Lokomotiven im Anhang, Seite 142

11
2'A n2-Lokomotive der Eisenbahn Berlin – Potsdam, von Norris, Philadelphia, 1839

12
2'B n2-Lokomotive der Württembergischen Staatsbahn, von Norris, Philadelphia, 1845

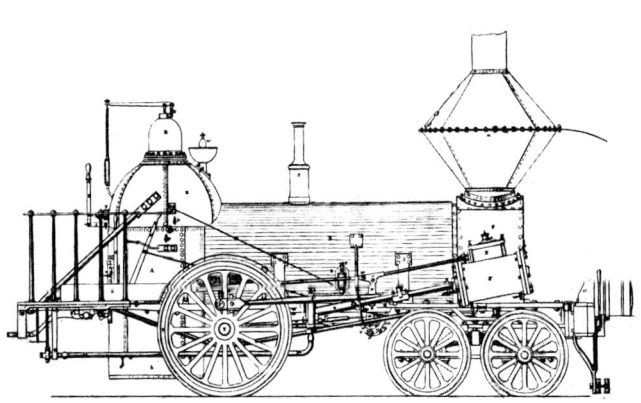

Die deutschen Lokomotivhersteller des 19. Jahrhunderts

Der Erfolg von „Nürnberg–Fürth" löste auch in Deutschland den bereits erwähnten Boom aus. Zahlreiche bestehende oder auch erst neu gegründete Unternehmen stürzten sich geradezu auf den neuen, aussichtsreich erscheinenden Industriezweig. Die Vorsichtigen unter ihnen holten sich mangels eigener Fachkenntnisse Fachleute aus dem Ausland, so zum Beispiel die Münchner Firma J. A. Maffei, die sich den Werkmeister Mr. Hall von Stephenson nach München holte. Sein Porträt hängt heute noch im großen Sitzungssaal der Krauss-Maffei AG in München-Allach. Vorsichtig wollte auch die schlesische Firma Lindheim & Hawthorn in Ullersdorf bei Glatz sein, die mit dem englischen Lokomotivhersteller Hawthorn ein Gemeinschaftsunternehmen in Ullersdorf gründete. Dieser Zusammenarbeit war allerdings kein Erfolg beschieden. Bereits wenige Jahre nach Gründung und der Ablieferung von nur drei Lokomotiven war Schluß. Andere Firmen schließlich versuchten, eigene Wege zu gehen oder einfach englische bzw. amerikanische Vorbilder mehr oder weniger zu kopieren oder abzuwandeln, mit unterschiedlichem Erfolg, wie sich noch zeigen wird.

In den auf „Nürnberg–Fürth" folgenden Jahrzehnten nahmen mindestens 41 Unternehmen den Lokomotivbau auf. Die meisten von ihnen sind heute kaum noch dem Namen nach bekannt. Manche stellten nach nur einer, zwei, drei oder vier Lieferungen die Lokomotivproduktion wieder ein oder gingen gar in Konkurs. Andere waren zwar erfolgreicher, sind heute aber trotzdem verschwunden, weil sie aus irgendeinem Grunde selbst aufgaben oder von stärkeren Konkurrenten übernommen wurden. Einige fielen erst in unserem Jahrhundert der Weltwirtschaftskrise gegen Ende der zwanziger Jahre zum Opfer.

Wenn in diesem Zusammenhang von „mindestens" 41 Lokomotivherstellern gesprochen wurde, geschah dies, weil in einigen Fällen durch Wechsel der maßgeblichen Techniker zu anderen Firmen, durch Übernahme oder Namensänderung, die vorliegenden Angaben lückenhaft oder nicht eindeutig sind oder weil solche Angaben sogar völlig fehlen.

Abb. 13

Die Tabelle in Abb. 13 vermittelt eine Übersicht über die einzelnen Hersteller aus der Anfangszeit des deutschen Lokomotivbaus. Die Reihenfolge entspricht dabei dem Lieferjahr ihrer ersten Lokomotive. Natürlich haben sich die Firmen schon vorher längere oder kürzere Zeit mit der Planung, Konstruktion und Fertigung dieses für sie ja völlig neuen Produktes befaßt.

13 Deutsche Lokomotivhersteller im 19. Jahrhundert

Lfd. Nr.	Name	1. Lieferung	Lokomotiven Anzahl	Bauart*)	Bemerkung
1	Königlich Preußische Eisengießerei, Berlin	1815	2	D	letzte Lieferung 1816
2	Aktien-Maschinenfabrik Uebigau, Uebigau bei Dresden	1839	2	D	letzte Lieferung 1840
3	Dobbs u. Poensgen, Aachen	1839	2	D	letzte Lieferung 1840
4	Sächsische Maschinenbau-Compagnie, Chemnitz	1839	2	D	letzte Lieferung 1840
5	Elsässische Maschinenbau-Gesellschaft, Mühlhausen	1839	8 100	D	später Grafenstaden, SACM (franz.)
6	Jakobi, Haniel u. Huyssen, Sterkrade	1840	6	D	letzte Lieferung 1855
7	Kufahl, Berlin	1840	1	D	danach eingestellt
8	J. A. Maffei, München	1841	5 900	D (E)	1931 Fusion mit Krauss u. Co.
9	Maschinenbaugesellschaft Karlsruhe, Karlsruhe	1841	2 360	D (E, M)	1929 eingestellt
10	August Borsig, Berlin	1841	16 000	D (E, M)	ab 1930 AEG, seit 1945 DDR
11	Edmundts u. Herrenkohl, Aachen	1842	1	D	1843 eingestellt
12	Egells, Berlin	1842	4	D	1846 eingestellt
13	Maschinenfabrik Buckau, Magdeburg-Buckau	1842	16	D	danach eingestellt
14	Maschinenfabrik Zorge, Zorge (Harz)	1842	70	D	1879 eingestellt
15	Eisenbahnwerkstätte Braunschweig, Braunschweig	1843	1	D	vermutlich keine weitere Lokomotive
16	Eisenbahnwerkstätte Buckau, Magdeburg-Buckau	1843	1	D	vermutlich keine weitere Lokomotive
17	Maschinenfabrik Esslingen, Esslingen	1846	6 000	D (E, M)	1966 eingestellt
18	Rabenstein u. Co., Chemnitz	1846	1	D	danach eingestellt
19	Lindheim u. Hawthorn, Ullersdorf bei Glatz	1846	3	D	1847 eingestellt
20	HANOMAG Hannoversche Maschinenbau AG., vorm. Egestorff, Hannover	1846	10 565	D (E, M)	1930 eingestellt
21	Hartmann u. Lindt, Hedelberg	1847	1	D	1847 eingestellt
22	Wever u. Co., Barmen	1848	4	D	1850 eingestellt
23	Henschel-Werke GmbH, Kassel	1848	32 000	D (E, M)	heute Thyssen-Henschel
24	Sächsische Maschinenfabr., vorm. Richard Hartmann, Chemnitz	1848	4 700	D	1929 eingestellt
25	Wöhlert, Berlin	1848	770	D	1882 eingestellt
26	Stettiner Maschinenbau AG Vulcan, Stettin-Bredow	1858	4 000	D	1928 eingestellt
27	Washington-Beyer, Dresden	1858			vermutlich nur ein Versuch
28	Schichau, Elbing	1860	4 300	D	1945 Polen
29	Linke-Hofmann-Werke, Breslau	1861	2 000	D (E, M)	1929 eingestellt
30	Kölnische Maschinenbau-Gesellschaft, Köln	1864			vermutlich nur ein Versuch
31	Lokomotivfabrik Krauss u. Co., München u. Linz	1867	8 500	D (E)	1931 Fusion mit J. A. Maffei
32	Berliner Maschinenbau AG, vorm. L. Schwartzkopff, Berlin	1867	13 500	D (E, M)	1945 DDR
33	Union Gießerei, Königsberg	1868	2 840	D	1929 eingestellt
34	Maschinenfabrik u. Eisengießerei Darmstadt, Darmstadt	1869	60?	D	etwa 1875 eingestellt
35	G. Kuhn, Maschinen- u. Kesselfabrik, Stuttgart-Berg	1870			etwa 1872 eingestellt
36	Maschinenbau-Gesellschaft, Heilbronn	1870	700	D	1924 eingestellt
37	R. Wolf AG, Magdeburg-Buckau, Abt. Lokomotivbau Hagans, Erfurt	1873	1 251	D	1928 eingestellt
38	Hohenzollern AG für Lokomotivbau, Düsseldorf-Grafenberg	1875	4 700	D (M)	1929 eingestellt
39	Arn. Jung Lokomotivfabrik GmbH, Jungenthal	1885	14 000	D (E, M)	1981 eingestellt
40	Orenstein u. Koppel AG, Drewitz b. Potsdam	1893	30 000	D (M)	1945 DDR, O. u. K. Dortmund, 1982 eingestellt
41	Maschinenbau-Anstalt Humboldt, Köln-Kalk	1897	1 830	D (E)	1929 eingestellt
42	Stahlbahnwerke Freudenstein & Co., Berlin	1898	240	D	1905 Orenstein u. Koppel

*) D = Dampflokomotiven, E = elektrische Lokomotiven, M = Motorlokomotiven (elektrische und Motorlokomotiven erst im 20. Jahrhundert)

14
*Lokomotive der Kgl. Preußischen
Eisengießerei zu Berlin, 1815*

Abb. 15

1. Die erste nachweislich in Deutschland gebaute Lokomotive stammt aus dem Jahre 1815. Schon 20 Jahre vor „Nürnberg–Fürth" zeigte die *Königliche Eisengießerei zu Berlin* den erstaunten Berlinern das Fahrzeug auf ihrem Fabrikhof, sogar gegen ein Eintrittsgeld von 4 Groschen. Die Vorführung in den Junitagen 1815 erregte großes Aufsehen, und der Zulauf der Schaulustigen war derart, daß die damals sehr angesehene „Vossische Zeitung von Staats- und gelehrten Sachen" über die Sehenswürdigkeit berichtete, die auf einer Rundbahn „ächzend und feuerspeiend" kreiste. Die Zeitung schrieb: „ In der Eisengießerei ist auch der neu erfundene Dampfwagen zu sehen, der sich in eigenem Geleise ohne Pferde und mit eigener Kraft dergestalt fortbewegt, daß er eine angehängte Last von fünfzig Zentnern zu ziehen imstande ist."

An ihrem Bestimmungsort, einer oberschlesischen Hütte, wo sie eine Pferdebahn ersetzen sollte, kam die Lokomotive nie in Betrieb, weil ihre Räder nicht in die dort vorhandene Spurweite paßten. Auch eine zweite Lieferung in das Saargebiet hatte keinen Erfolg. Wie diese erste in Deutschland gebaute Lokomotive aussah, wissen wir nur von einer gußeisernen Neujahrsplakette der Gießerei, welche das Unternehmen 1816 an seine Kunden verschickte. Vorbild war offensichtlich die Lokomotive von Blenkinsop aus dem Jahr 1812.

Nach 1835 setzte dann der bereits angesprochene Boom ein. 24 Jahre nach der Berliner Vorführung und später folgten die nachstehend aufgeführten Unternehmen:

2. Die *Aktien-Maschinenfabrik Uebigau,* Uebigau bei Dresden, lieferte bereits 1839 und 1840 je eine B1-Lokomotive an die Leipzig-Dresdener Eisenbahn, deren Konzeption nicht dem zu dieser Zeit bekannten Standard entsprach. Der Antrieb erfolgte zwar durch innen liegende Dampfzylinder, die Kupplung der beiden Treibachsen aber durch außen angeordnete Stangen. Mit zwei angetriebenen Achsen wurden ein wesentlich höheres Reibungsgewicht und damit auch höhere Zugkräfte erzielt als beim „Adler". Trotzdem wurde der Lokomotivbau nach Lieferung der beiden Lokomotiven „Saxonia" und „Phoenix" eingestellt. Immerhin darf die „Saxonia" als erste betriebsfähige deutsche Lokomotive angesehen werden.

3. *Dobbs & Poensgen,* Aachen, lieferten 1839 eine 1A1-Lokomotive „Carolus Magnus" an die Rheinischen Eisenbahnen und 1840 eine gleiche mit dem Namen „Düssel" an die Düsseldorf-Elberfelder Eisenbahn. Beide entsprachen der „Patentee" von Stephenson. Auch dieses Unternehmen stellte nach nur zwei Lieferungen die Lokomotivproduktion ein.

15
Lokomotive „Saxonia" der Leipzig-Dresdener Eisenbahn, 1839

4. Die *Sächsische Maschinenbau-Compagnie,* Chemnitz, lieferte ebenfalls 1839 und 1840 nur je eine Lokomotive, von denen die erste mit Namen „Teutonia" an die Magdeburg-Leipziger Eisenbahn ging. Die zweite hieß „Pegasus" und kam zur Leipzig-Dresdener Eisenbahn. Über die Bauart ist nichts bekannt, offenbar befriedigten aber beide Lokomotiven nicht. Danach wurde die Fertigung aufgegeben.

5. Die *Elsässische Maschinenbaugesellschaft,* zunächst in Mühlhausen gegründet, nahm 1839 den Lokomotivbau auf. Nach der Reichsgründung wurde sie 1872 mit der Maschinenfabrik Grafenstaden bei Straßburg zur *Société Alsacienne de Constructions Mecaniques* SACM vereinigt. Als SACM 1881 um die Usine de Belfort erweitert wurde, stellte das Stammwerk Mühlhausen den Lokomotivbau ein. Angaben über die ersten ab 1839 gelieferten Lokomotiven liegen nicht vor. Später lieferte die SACM vorwiegend regelspurige Lokomotiven, unter anderen an deutsche, französische und schweizerische Bahnen. Von 1919 bis 1939, das heißt zwischen den beiden Weltkriegen, war das Unternehmen in französischem Besitz, während der Besetzung im Zweiten Weltkrieg war es unter der Regie der Magdeburger Werkzeugmaschinenfabrik MWF in den Bau der Kriegsdampflokomotive Baureihe 52 einbezogen. Nach dem Ende des Zweiten Weltkrieges, 1945, kam die SACM wieder zu Frankreich. Bis dahin wurden etwa 8100 Lokomotiven gebaut.

Joseph A. Ritter v. Maffei, 1790–1870

6. *Jakobi, Haniel & Huyssen,* Sterkrade, bauten mit zeitweilig großen Pausen zwischen den einzelnen Lieferungen in den Jahren 1840 bis 1855 insgesamt sechs Lokomotiven, von denen die erste mit der Achsfolge 1A1 dem Stephensonschen Vorbild, also der „Patentee", entsprochen haben dürfte. Die restlichen Lokomotiven hatten dann die Achsfolge 2A. Da diese Lokomotiven unter der Leitung eines in amerikanischen Lokomotivfabriken ausgebildeten Ingenieurs gebaut wurden, liegt die Vermutung nahe, daß sie dem bereits erwähnten 2A-Typ von Norris, Philadelphia, für die Eisenbahn Berlin–Potsdam ähnelten. Nach nur sechs gelieferten Lokomotiven war auch bei diesem Unternehmen Schluß.

7. Die Firma *Kufahl,* Berlin, ein kleines Unternehmen, lieferte 1840 ihre einzige Lokomotive an die Berlin-Anhaltische Bahn. Offenbar hatte man sich mit diesem Objekt übernommen. Es blieb bei dieser einen Lieferung. Über die Bauart der Lokomotive ist nichts bekannt.

8. *J. A. Maffei,* München, war einer der Erfolgreichen in dem neuen Industriezweig. Er lieferte seine erste Lokomotive, die mit Hilfe des bereits erwähnten Mr. Hall entstanden war, 1841 an die damals gerade ein Jahr alte und mit englischen Lokomotiven betriebene München-Augsburger Bahn. Die Konzeption der Lokomotive, die seinerzeit „Der Münchner" genannt wurde, entsprach wiederum englischem Vorbild, also etwa Stephensons 1A1-Lokomotive „Patentee". Nach anfänglich zögerndem Anlauf, nicht zuletzt wegen finanzieller Probleme, kam aber die Lokomotivproduktion etwa ab 1850 in Schwung. Auf zwei Maffei-Lokomotiven, die „Bavaria" aus dem Jahre 1851 und „Die Pfalz" aus dem Jahre 1853 wird später noch eingegangen. 1864 wurde die 500., 1870 die 800. Lokomotive fertig. Bis 1874 waren es bereits 1000 Lokomotiven. Die 1000. Maffei-Lokomotive ist heute im Deutschen Museum in München zu sehen. Auf einige bedeutende Beiträge des Unternehmens zur deutschen Lokomotiventwicklung wird im nächsten Kapitel ausführlich eingegangen. Die Firma J. A. Maffei ist zweifellos der älteste unter den wenigen deutschen Lokomotivherstellern, die den Boom der Gründerjahre überlebt haben und auch heute noch, seit 1931 in der Krauss-Maffei AG, im Lokomotivbau tätig ist. Bis 1931 wurden rund 5900 Lokomotiven geliefert.

9. Die *Maschinenbaugesellschaft Karlsruhe,* Karlsruhe, lieferte ihre erste Lokomotive „Badenia" ebenfalls 1841. Sie ging damals an die noch sehr junge Badische Staatsbahn. Die Maßskizze zeigt, daß sie mit ihrer 1A1-Achsfolge und dem innenliegenden Triebwerk dem

Abb. 17

Abb. 18

22

17
1A1-Lokomotive „Der Münchner",
von Maffei, 1841

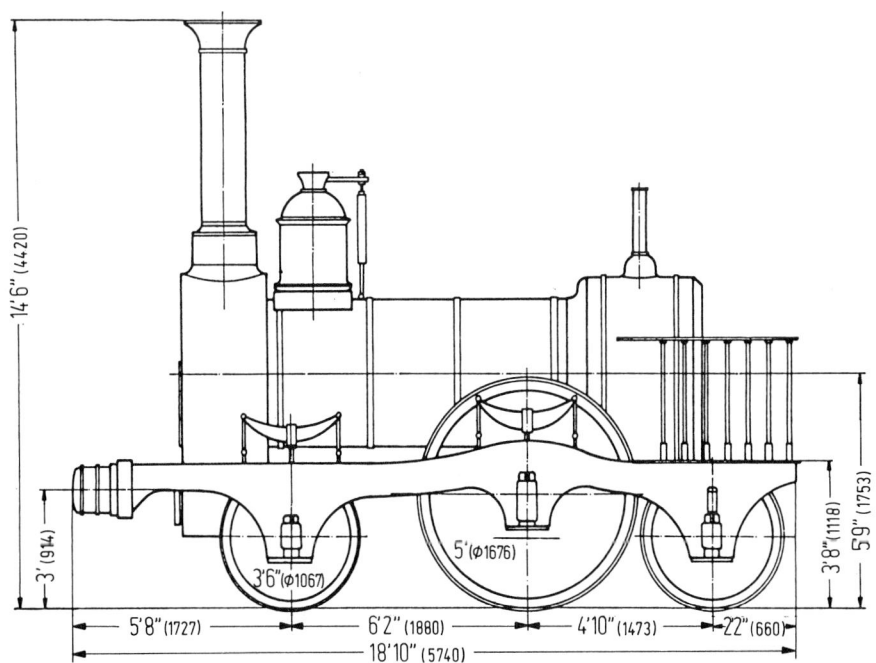

18
1A1 n2-Lokomotive der Badischen
Staatsbahn, von Kessler, Karlsruhe,
1841

seinerzeit bekannten Standard entsprach. Aus den folgenden Jahrzehnten sind bekannt geworden eine 2A-Lokomotive „Phoenix" für die Badische Staatsbahn aus dem Jahre 1863 und eine 1B-Lokomotive „Baerenfels" für die Pfalzbahn aus dem Jahre 1875. Bis 1880 wurden 1000 Lokomotiven gebaut, das Unternehmen war also durchaus erfolgreich. Trotzdem mußte nach etwa 2360 gelieferten Lokomotiven der Lokomotivbau 1929 als Folge einer Weltwirtschaftskrise aufgegeben werden.

Abb. 19

10. Auch *Borsig,* Berlin, konnte 1841 seine erste Lokomotive an die Berlin-Anhaltische Bahn liefern. Er gab ihr selbstbewußt seinen eigenen Namen. Die Lokomotive ähnelt in ihrem äußeren Erscheinungsbild wieder der 2A-Lokomotive von Norris, Philadelphia, hat aber abweichend von dieser hinten noch eine zusätzliche Laufachse, deren Sinn nicht recht verständlich ist, denn sie muß ja zwangsläufig die Treibachse entlasten. Mit nur einer angetriebenen von insgesamt vier Achsen ist die Ausnutzung des Reibungsgewichtes natürlich recht ungünstig, aber der Lokomotivbau steckte damals ja noch in den Kinderschuhen, und vieles, was uns heute selbstverständlich vorkommt, war damals für die Ingenieure noch unerforschtes Neuland. In der Folgezeit ging auch Borsig zu dem bekannten 1A1-Typ über, dem später 2A-, 1B- und 2B-Lokomotiven folgten. Schon Mitte der fünfziger Jahre des vorigen Jahrhunderts wurde das Unternehmen

19
2'A 1-Lokomotive „Borsig" der
Anhaltischen Bahn, 1841 von Borsig
geliefert

August Borsig, 1804–1854

verstärkt im Ausland tätig. 1878 zählte die Belegschaft bereits 3480 Mitarbeiter. Borsig galt zu dieser Zeit, neben Baldwin in den USA, als größter Lokomotivhersteller der Welt. Um die Jahrhundertwende war die Belegschaft auf rund 7000 Mitarbeiter angewachsen, eine für damalige Verhältnisse enorme Zahl.

Ende der zwanziger Jahre, es war die Zeit der Weltwirtschaftskrise, wurde Borsig nach wirtschaftlichen Schwierigkeiten von der AEG übernommen. Die Werkstätten wurden von Berlin-Tegel in das AEG-Werk Hennigsdorf verlegt, wo der Lokomotivbau unter der Firma „Borsig-Lokomotiv-Werke GmbH" fortgeführt wurde. Das Werk Hennigsdorf hat im Zweiten Weltkrieg umfangreiche Zerstörungen erlitten. Bis dahin waren von Borsig stattliche 16 000 Lokomotiven geliefert worden. Mit dem Ende des Zweiten Weltkrieges, 1945, fiel Hennigsdorf an die DDR, womit der Bau von Borsig-Lokomotiven endete. Heute hat die DDR ihren Lokomotivbau in Hennigsdorf konzentriert.

11. *Edmundts & Herrenkohl,* Aachen, lieferten 1842 ihre erste Lokomotive, einen 1A1-Typ, an die Oberschlesische Eisenbahn. Bereits ein Jahr später, 1843, mußte die Firma wegen finanzieller Schwierigkeiten schließen; es blieb bei einer einzigen Lieferung.

12. *Egells,* Berlin, verfügte nur über eine kleine Werkstatt, in der 1842 die erste und 1846 weitere drei Lokomotiven für die Niederschlesischen Bahnen gebaut wurden. Dann mußte die Firma aufgeben. Über die Bauart der Lokomotiven ist nichts mehr bekannt.

13. Die *Maschinenfabrik Buckau,* Magdeburg-Buckau, lieferte ebenfalls 1842 ihre erste Lokomotive „Magdeburg", einen 1A1-Typ. 1843 und 1844 folgten zwei weitere 1A1-Lokomotiven, „Vorwärts" und „Braunschweig". Obgleich das Werk an der Magdeburg-Wittenberger Eisenbahn günstig gelegen war, kaufte diese in der Folgezeit zunehmend Borsig-Lokomotiven. Das Unternehmen gab deshalb nach nur 16 gelieferten Lokomotiven den Lokomotivbau wieder auf.

14. Auch die *Maschinenfabrik Zorge,* Zorge (Harz), hatte wenig Glück mit dem Einstieg in den Lokomotivbau. Zwar wurden die beiden ersten 1A1-Lokomotiven nach englischem Vorbild bereits 1842 geliefert und nach Braunschweig transportiert, auch folgten bis 1848 noch 30 weitere Lokomotiven, dann aber mußte der Lokomotivbau aus finanziellen Gründen eingestellt werden. Einer Neuaufnahme der Produktion zwischen 1872 und 1879 ging es nicht besser. Nach insgesamt etwa 70 gelieferten Lokomotiven wurde 1879 der Lokomotivbau endgültig aufgegeben. Im Fall der Maschinenfabrik Zorge muß man den Mut ihrer Besitzer bewundern. Zorge hatte damals keine

Schienenverbindung zu den neuen Bahnstrecken. Alle Lokomotiven mußten auf dem Landwege auf Schwerlastwagen mit Pferdezug zum Empfänger transportiert werden.

15. Bei der *Eisenbahnwerkstätte Braunschweig,* Braunschweig, handelte es sich um den Versuch einer Bahn, ihren Lokomotivbedarf selbst zu decken. Die erste Lokomotive „Braunschweig" wurde 1843 fertiggestellt. Über ihre Bauart liegen keine Nachrichten vor. Ebenso ist nicht bekannt, ob diesem Erstling weitere Lokomotivlieferungen folgten.

16. Auch in der *Eisenbahnwerkstätte Buckau,* Magdeburg-Buckau, baute sich die Magdeburg-Leipziger Bahn ihre Lokomotive „Berlin" selbst. Sie wurde ebenfalls 1843 fertig. Auch hier gibt es keine Unterlagen über die Bauart der Lokomotive. Ebenso ist nicht bekannt, ob weitere Lokomotivbauten folgten.

Abb. 21

17. Die *Maschinenfabrik Esslingen,* Esslingen, lieferte ihre erste Lokomotive 1846. Es war ein 2B-Typ für die Württembergische Staatsbahn. 1870 konnte die 1000. Lokomotive geliefert werden, ein 2B-Typ für die Sächsische Staatsbahn. 1896 wurde die Fabrik-Nr. 2844 geliefert. Als der Lokomotivbau 1966 nach mehrfachem Besitzwechsel eingestellt wurde, waren insgesamt etwa 6000 Lokomotiven gebaut worden. Das Unternehmen zählt also eindeutig zu den Lokomotivfabriken, die den Wettbewerb und die Probleme der Gründerzeit gut gemeistert und auch die Weltwirtschaftskrise Ende der zwanziger Jahre erfolgreich überdauert haben.

18. *Rabenstein & Co.,* Chemnitz, gehört wieder zu den Firmen, die nach nur einer Lieferung den Lokomotivbau schon wieder aufgaben. Die 1846 fertiggestellte Lokomotive ging an die damalige Leipzig-Dresdener Eisenbahn. Ihre technischen Daten sind nicht bekannt.

19. *Lindheim & Hawthorn,* Ullersdorf bei Glatz, wurden bereits als Beispiel einer deutsch-englischen Firmengründung erwähnt. Die erste Lokomotive, eine 1A1-Bauart, wurde 1846 an die Oberschlesische Eisenbahn geliefert. 1847 folgten zwei weitere für die Niederschlesisch-Märkische Bahn. Danach war schon wieder Schluß.

20. Bei der *HANOMAG Hannoversche Maschinenbau AG, vorm. Egestorff,* Hannover-Linden, handelt es sich wieder um einen überaus erfolgreichen Lokomotivbauer, der den Wettbewerb der Gründerzeit gut überstanden hatte, als Folge der Weltwirtschaftskrise Ende der zwanziger Jahre dann aber doch aufgeben mußte. Die erste

Abb. 22

HANOMAG-Lokomotive, ein 1A1-Typ, wurde 1846 an die Hannoversche Staatsbahn geliefert. In den folgenden Jahrzehnten lieferte das

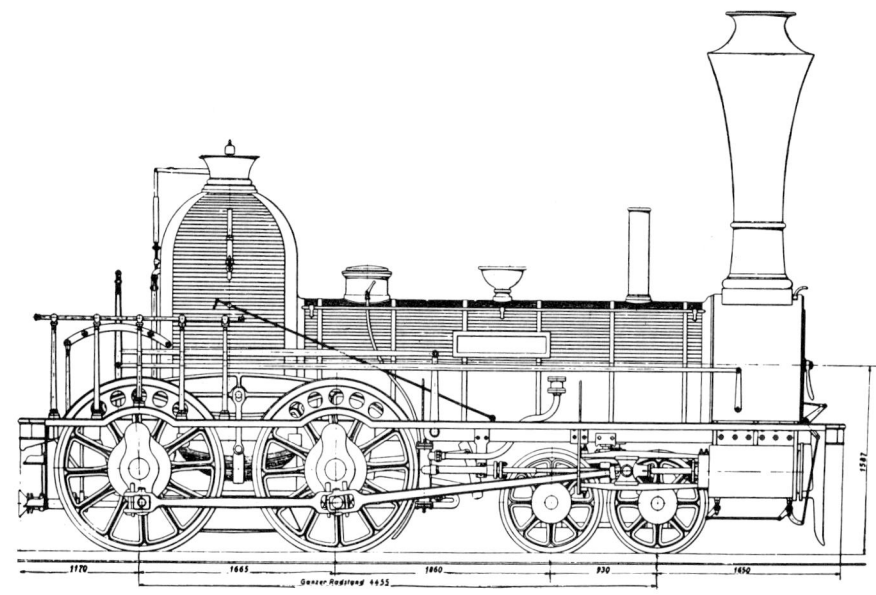

21
2'B-Lokomotive der Württembergischen Staatsbahn, geliefert
1846 von Kessler, Esslingen

22
Lokomotive „Ernst August" von
HANOMAG, Hannover, 1846

Carl Anton Henschel, 1780–1861

Abb. 23

Unternehmen 1B-, C1- und 1C-Lokomotiven, womit ein deutlicher Trend zur Erhöhung der Zugkräfte erkennbar wird. 1873 wurde die 1000. Lokomotive, nur 15 Jahre später die 2000. gebaut. Bei Aufgabe des Lokomotivbaus hatte HANOMAG die stattliche Anzahl von 10 565 Lokomotiven geliefert.

21. *Hartmann & Lindt,* Heidelberg, gingen nach Lieferung einer einzigen Lokomotive an die Badische Staatsbahn in Konkurs. Die Achsfolge der 1847 gebauten Lokomotive war 1A1.

22. Dasselbe gilt für *Wever & Co.,* Barmen, die nach insgesamt vier Lokomotiven die Produktion einstellten. Zwischen 1848 und 1850 gingen je zwei Lokomotiven, Achsfolge 2B bzw. 1B, an die Bergisch-Märkische Bahn. Die Firma bestand allerdings noch bis 1897 weiter als Unternehmen des Maschinenbaus.

23. Die *Henschel-Werke GmbH,* Kassel, heute Thyssen-Henschel, sind zwar nicht der älteste, sicher aber heute der größte deutsche Lokomotivhersteller. Das Unternehmen hat in seiner langen Geschichte manche Krise und auch Besitzwechsel verkraften müssen. Die erste Lokomotive, der „Drache", wurde 1848 an die Hessische Friedrich-Wilhelm Nordbahn geliefert. Die 2B-Lokomotive zeigt bereits alle Merkmale der Dampflokomotiven der folgenden Jahrzehnte, d. h. außenliegende Zylinder, außenliegendes Stangentriebwerk. Die Ähnlichkeit mit der 2B-Lokomotive von Norris, Philadelphia, ist nicht zu übersehen. Warum auch sollte man sich nicht an Vorbildern orientieren, die als vorteilhafter erkannt wurden, als die damals in Deutschland dominierende Stephensonsche Bauart? 1865 wurde

23
2'B-Lokomotive „Drache" von Henschel, 1848

die 100., 1879 die 1000. Lokomotive geliefert. 1910 waren es bereits 10 000, und heute sind es, einschließlich der in unserem Jahrhundert entwickelten Motor- und elektrische Lokomotiven mehr als 32 000 gelieferte Triebfahrzeuge. Auf einige hervorragende Beiträge des Unternehmens zur deutschen Lokomotiventwicklung wird später noch eingegangen.

24. Bei der Firma *Sächsische Maschinenfabrik, vorm. Richard Hartmann AG,* Chemnitz, dürfte es sich um den gleichen Firmengründer handeln, der sich bereits mit der Firma Sächsische Maschinenbau Compagnie im Lokomotivbau versucht hatte, aber nach zwei Lieferungen 1839 und 1840 schon aufgab. Mit seiner neuen Firmengründung war er wesentlich erfolgreicher. Die erste Lokomotive, ein 1B-Typ mit dem Namen „Glück Auf", wurde 1848 an die Sächsisch-Bayerische Eisenbahn geliefert. Von den weiteren Lieferungen sind bekannt die Fabrik-Nr. 187, eine 1A1-Schnellzug-Lokomotive „Aurora" aus dem Jahre 1862, und die Fabrik-Nr. 309, eine 1B-Schnellzug-Lokomotive „Waldenburg" aus dem Jahre 1867. In der Weltwirtschaftskrise stellte auch dieses durchaus erfolgreiche Unternehmen 1929 den Lokomotivbau ein, nachdem rund 4700 Lokomotiven geliefert worden waren.

25. *Wöhlert,* Berlin, war mit 770 gelieferten Lokomotiven keinesfalls ohne Erfolg. Trotzdem wurde der Lokomotivbau bereits 1882 wieder aufgegeben. Die erste Wöhlert-Lokomotive, die „Marschall

Abb. 24

*24
Lokomotive „Marschall Vorwärts",
von Wöhlert, 1848*

Vorwärts", verbindet die zu dieser Zeit wohl am häufigsten gebaute 1A1-Achsfolge von Stephenson mit dem bereits von anderen Herstellern angewandten außenliegenden Triebwerk. In ihrem äußeren Erscheinungsbild fällt die Lokomotive durch den – damals keinesfalls üblichen – Schutz des Lokomotivführers durch ein auf drei Seiten geschlossenes Führerhaus auf.

26. Die *Stettiner Maschinenbau AG Vulcan,* Stettin-Bredow, lieferte 1858 ihre erste Lokomotive mit der Achsfolge 1A1 an die Berlin-Stettiner Bahn. Ihr folgten weitere Lokomotiven gleicher Bauart für andere deutsche Bahnen. Auch solche mit der Achsfolge C, 1B, 2B sowie 2B-Tenderlokomotiven wurden bis zur Jahrhundertwende geliefert. 1873 wurde bereits die 500. Lokomotive verzeichnet, aber auch dieses Unternehmen mußte 1928 in der Weltwirtschaftskrise aufgeben. Bis dahin wurden rund 4000 Lokomotiven geliefert.

27. Von *Washington-Beyer,* Dresden, ist nicht viel mehr bekannt, als daß man sich 1858 ebenfalls mit Lokomotiven befaßte. Über Lieferungen und Bauarten ist nichts bekannt. Es dürfte sich kaum um mehr als einen Versuch gehandelt haben.

28. *Schichau,* Elbing, baute in seiner Maschinenfabrik 1860 die erste Lokomotive, Achsfolge 1A, für die damalige Ostbahn von Berlin zur russischen Grenze. Da das Geschäft sich offenbar gut anließ, wurde bereits 1869 eine besondere Lokomotivfabrik gebaut. Dort wurde 1880 die erste deutsche Verbundlokomotive für die Hannoversche Staatsbahn gebaut, ebenfalls ein 1A-Typ. 1899 wurde die 1000. Lokomotive fertiggestellt, der noch zahlreiche größere Lokomotiven folgten, zuletzt die bekannte Kriegsdampflokomotive Baureihe 52. Das Ende des Zweiten Weltkrieges bedeutete für das Unternehmen das „Aus", Elbing ist seither polnisch. Bis 1945 wurden insgesamt 4300 Lokomotiven geliefert.

Ferdinand Schichau, 1814–1896

In den ersten 25 Jahren nach „Nürnberg–Fürth" war der Drang, sich im Lokomotivbau zu betätigen – und damit Geld zu verdienen – recht groß. Die stattliche Zahl der bisher erwähnten Unternehmen läßt dies deutlich erkennen. In den folgenden 25 Jahren und besonders in den letzten 15 Jahren bis zur Jahrhundertwende ließ diese Tendenz erheblich nach. Waren es im Zeitraum von 1835 bis 1860 mindestens 28 Firmen, die sich im Lokomotivbau versuchten, so waren es 1861 bis 1885 nur noch 11, die sich an das offenbar nicht ganz einfache Unterfangen wagten. Daß eine nicht geringe Zahl von Lokomotivbauern aus unterschiedlichen Gründen aufgeben mußte oder gar in Konkurs geriet, war sicher für manchen Unternehmer eine

25
Erste Lokomotive von Linke-
Hofmann, 1861

Warnung. Schließlich war der Bedarf an Lokomotiven damals auch noch begrenzt. Das Streckennetz war erheblich kleiner und das Verkehrsaufkommen weit geringer als in späteren Jahren. Bevor aber auf die Lokomotivtechnik des 19. Jahrhunderts eingegangen wird, zunächst noch einige Worte zu den Unternehmen, die ab 1861 bis zur Jahrhundertwende den Lokomotivbau aufnahmen:

Abb. 25

29. Die *Linke-Hofmann-Werke,* Breslau, heute Linke-Hofmann-Busch, Salzgitter, gehören ebenfalls zu den Fabriken, die in der Weltwirtschaftskrise 1929 den Lokomotivbau einstellen mußten. Die erste Lokomotive, Achsfolge 1A1, mit außenliegenden Zylindern und außenliegendem Stangentriebwerk, wurde 1861 an die Oberschlesische Eisenbahn geliefert. Über die in den nachfolgenden Jahrzehnten gelieferten Lokomotiven, ihre Bauart und die Produktionsziffern, liegen keine Angaben vor. Auf jeden Fall aber galt Linke-Hofmann um die Jahrhundertwende als leistungsfähiger Lokomotivhersteller. 1920 wurde die 2000. Lokomotive abgeliefert.

Georg von Krauss, 1826–1906

30. Auch über die *Kölnische Maschinenbau-Gesellschaft,* Köln, ist nur bekannt, daß sie sich 1864 im Lokomotivbau versuchte. Über Lieferungen und Bauarten fehlen Unterlagen. Es dürfte sich aber kaum um mehr als einen mißglückten Versuch gehandelt haben.

31. Dagegen gehört die *Lokomotivfabrik Krauss & Comp.,* München und Linz, wieder zu den wenigen Unternehmen, die sich gegen die vielfältige Konkurrenz der Gründerjahre behaupten konnten und auch die Weltwirtschaftskrise der zwanziger Jahre unseres Jahrhunderts überdauerten. Die erste Krauss-Lokomotive wurde 1867 an die Oldenburgische Staatsbahn geliefert. Sie hieß „Land-

27
Lokomotive „Landwührden", von Krauss, 1867

Abb. 27

Abb. 29

Louis Schwartzkopff, 1825–1892

wührden" und hatte die Achsfolge B. Heute steht sie im Deutschen Museum in München. Bemerkenswert bei der „Landwührden" ist das damals noch keineswegs übliche Führerhaus. Der ersten Krauss-Lokomotive folgten zahlreiche weitere Lokomotiven, darunter insbesondere Tenderlokomotiven mit bis zu vier angetriebenen Achsen. Auch Zahnrad-Lokomotiven für Bergbahnen wurden gebaut. Auf einige bemerkenswerte Konstruktionen des Unternehmens wird im technischen Teil näher eingegangen. Bis zur Fusion mit der ebenfalls in München ansässigen Lokomotivfabrik J. A. Maffei im Jahre 1931 hatte Krauss & Comp. etwa 8500 Lokomotiven hergestellt.

32. Die *Berliner Maschinenbau AG, vorm. L. Schwartzkopff,* Berlin, lieferte ihre erste Lokomotive, einen 1B-Typ, im Jahre 1867 an die Niederschlesisch-Märkische Bahn. Es folgten B1-, B- und C-Bauarten. 1871, nur vier Jahre nach der ersten Lieferung, war man schon bei Fabrik-Nr. 209. In den folgenden Jahrzehnten wurden zahlreiche Lokomotiven für alle Zwecke – auch für den Export – gebaut, zuletzt auch die Kriegsdampflokomotive Baureihe 52. Die Lokomotivfabrik wurde gegen Ende des Zweiten Weltkrieges weitgehend zerstört. Die Firma besteht heute noch in West-Berlin, stellt aber seit 1945 keine Lokomotiven mehr her. Daß das Unternehmen sehr erfolgreich war, beweist die Zahl von rund 13 500 gelieferten Lokomotiven.

33. Die *Union-Gießerei,* Königsberg, lieferte ihre erste Lokomotive, Achsfolge 1B, 1868 an die Stargard-Posener Bahn. Es folgten C-,

29
Erste Lokomotive von Schwartzkopff,
1867

C1- und 1C-Lokomotiven für die Preußische Staatsbahn. Das Unternehmen, das ebenfalls in der Weltwirtschaftskrise 1929 den Lokomotivbau aufgeben mußte, konnte zwar in den ersten zwölf Jahren seines Bestehens, also bis 1880, immerhin schon 169 Lokomotiven abliefern, es gehörte aber nicht zu den Großen dieser Branche. Bis zur Einstellung des Lokomotivbaus 1929 wurden etwa 2840 Lokomotiven gebaut.

34. Von der *Maschinenfabrik und Eisengießerei Darmstadt,* Darmstadt, liegt lediglich ein Bericht aus dem Jahre 1873 vor, wonach das Unternehmen seit vier Jahren Lokomotiven baut. Die erste Lokomotive müßte demnach etwa 1869 geliefert worden sein. Bei ihr und den folgenden Lieferungen soll es sich um kleine Tenderlokomotiven für den Baubetrieb gehandelt haben. Auf einer Ausstellung in Wien wurden die Lokomotiven Fabrik-Nr. 50 und 51 gezeigt, dann scheint man aber den Lokomotivbau bald eingestellt zu haben.

35. Auch von *G. Kuhn, Maschinen- und Kesselfabrik,* Stuttgart-Berg, ist lediglich bekannt, daß das Unternehmen um 1870/71 Lokomotiven gebaut hat. Die Stückzahlen sollen allerdings verschwindend gering gewesen sein. Auch über die Bauart der Lokomotiven ist nichts bekannt.

36. Die *Maschinenbau-Gesellschaft,* Heilbronn, nahm den Lokomotivbau 1870 in ihr Fertigungsprogramm auf und soll bis 1907 etwa 500 Lokomotiven gebaut haben. Nach anderen Quellen wurde der Lokomotivbau erst 1924 eingestellt, nachdem etwa 700 Lokomotiven geliefert waren.

37. Wiederum ein Opfer der Weltwirtschaftskrise gegen Ende der zwanziger Jahre unseres Jahrhunderts wurde die *R. Wolf Aktiengesellschaft,* Magdeburg-Buckau, bzw. deren Abteilung *Lokomotivbau Hagans,* Erfurt. Die erste Hangans-Lokomotive war ein schmalspuriger B-Typ, geliefert 1873 an die Oberschlesische Zweigbahn. In

ihren Anfangsjahren hat sich die Firma offenbar besonders mit schmalspurigen Lokomotiven, speziell mit solchen für hohe Zugkräfte mit bis zu vier angetriebenen Achsen, befaßt. Später wurden auch Vollbahn-Lokomotiven mit bis zu fünf angetriebenen Achsen gebaut. Als der Lokomotivbau 1928 aufgegeben wurde, hatte man 1251 Lokomotiven gefertigt.

38. Die *Hohenzollern Aktiengesellschaft für Lokomotivbau,* Düsseldorf-Grafenberg, hat bis zur Aufgabe des Lokomotivbaus 1929 – wiederum als Folge der Weltwirtschaftskrise – etwa 4700 Lokomotiven gebaut. Sie gehört damit keinesfalls zu den Kleinen ihrer Branche. Wann die erste Hohenzollern-Lokomotive geliefert wurde, war nicht mehr genau festzustellen. Es dürfte aber um 1875 gewesen sein, da die Firma 1872 gegründet wurde. 1881 wurde die Fabrik-Nr. 161 geliefert. Unter den Lokomotivlieferungen für alle Zwecke und Spurweiten sind etwa 500 Dampfspeicher-Lokomotiven hervorzuheben, allgemein unter dem Namen „Feuerlose Lokomotiven" bekannt.

39. Die *Arn. Jung Lokomotivfabrik GmbH,* Jungenthal, begann mit dem Bau schmalspuriger Dampflokomotiven. Die erste, ein B-Typ, wurde 1885 an einen Kieler Industriebetrieb geliefert. Für solche Lokomotiven tat sich damals ein weiter Markt auf. Der Straßen- und Eisenbahnbau war ja noch ausschließlich Handarbeit. Als Werkzeuge dienten Spaten und Pickel, für den Transport der Erdmassen dienten mit Muskelkraft bewegte Kipploren. Die Feldbahn-Lokomotive brachte nicht nur eine spürbare Erleichterung, die Arbeiten konnten auch erheblich beschleunigt werden.

Jung lieferte auch Zahnrad-Lokomotiven für Bergbahnen. Später kamen auch Vollbahn-Lokomotiven mit bis zu fünf angetriebenen Achsen hinzu, desgleichen feuerlose Lokomotiven. 1907 bereits wurde die 1000. Lokomotive geliefert, 1942 waren es 10 000 und 1967 etwa 14 000, wobei die hohe Stückzahl durch den großen Anteil kleiner schmalspuriger Dampf- und Motorlokomotiven erreicht wurde. 1981 hat das Unternehmen den Lokomotivbau eingestellt.

40. Bei der *Orenstein & Koppel AG,* Drewitz bei Potsdam, ist der Überblick dadurch erschwert, daß das Unternehmen mehrfach den Namen änderte als Folge von Besitzwechsel, Teilung und Übernahme anderer Firmen. Die erste Lokomotive, Achsfolge B1, eine Schmalspur-Lokomotive, wurde 1893 geliefert und offenbar von einem Vorgänger der Lokomotivfabrik in Drewitz gebaut, da letztere erst 1898 gegründet wurde. Neben den schmalspurigen Lokomotiven wurden später auch Vollbahn-Lokomotiven mit bis zu fünf angetriebenen Achsen gebaut und seit den dreißiger Jahren unseres Jahr-

hunderts in großer Zahl schmalspurige kleine Diesellokomotiven. Wegen des hohen Anteils schmalspuriger Dampf- und Diesellokomotiven, zu denen sich auch noch Vollbahn-Motorlokomotiven gesellten, konnte man 1942 bereits auf 13 500 gelieferte Lokomotiven verweisen. 1976 waren es sogar rund 30 000, wobei wohl die Lieferungen der übernommenen Werke mitgezählt sind.

Das Werk Drewitz fiel 1945 an die DDR. Das Unternehmen setzte nach dem Zweiten Weltkrieg den Bau von Motorlokomotiven unter dem Namen *O&K, Orenstein & Koppel Aktiengesellschaft,* Dortmund, fort. In jüngster Zeit, 1982, wurde dieser Produktionszweig jedoch aufgegeben.

41. Die *Maschinenbau-Anstalt Humboldt,* Köln-Kalk, begann erst kurz vor der Jahrhundertwende mit dem Lokomotivbau. 1897 wurde die erste Lokomotive geliefert, deren Daten aber nicht bekannt sind. Es dürfte sich aber um eine Vollbahn-Lokomotive gehandelt haben, da die bekannten späteren Lieferungen nur solche waren. Auch dieses Unternehmen gab den Lokomotivbau 1929 in der Weltwirtschaftskrise auf. Bis dahin wurden 1830 Lokomotiven geliefert.

42. Die *Stahlbahnwerke Freudenstein & Co.,* Berlin, waren die letzten, die im 19. Jahrhundert in das Dampflokomotivgeschäft einstiegen. Ihre erste Lieferung, eine schmalspurige C-Tenderlokomotive, ging 1898 an die Westpreußische Kleinbahn. Später wurden auch Vollbahn-Lokomotiven gebaut, vorzugsweise offenbar Tenderlokomotiven. Schon sieben Jahre nach der ersten Lieferung wurde das Werk von Orenstein & Koppel übernommen, nachdem etwa 240 Lokomotiven gebaut worden waren.

Abb. 30

Die Grafik Abb. 30 zeigt noch einmal deutlich den mehrfach angesprochenen Boom im deutschen Lokomotivbau und die Entwicklung der deutschen Lokomotivindustrie im 19. Jahrhundert. Nur 15 Jahre nach „Nürnberg–Fürth" hatten bereits 25 Unternehmen den Lokomotivbau aufgenommen, 14 von ihnen hatten bis zu diesem Zeitpunkt aber auch schon wieder aufgegeben. Bis zur Jahrhundertwende waren es sogar 42 Firmen, die sich im Lokomotivbau versuchten, aber nur 21, die Hälfte, überlebten das Ende des 19. Jahrhunderts.

Bei den 42 aufgezählten Unternehmen handelt es sich ausnahmslos um Neugründungen oder um den Einstieg in den Bau von Dampflokomotiven. Um die Jahrhundertwende und insbesondere im ersten Quartal des 20. Jahrhunderts gab es eine Reihe von Neugründungen, die vorwiegend mit der Einführung neuer Traktionsarten

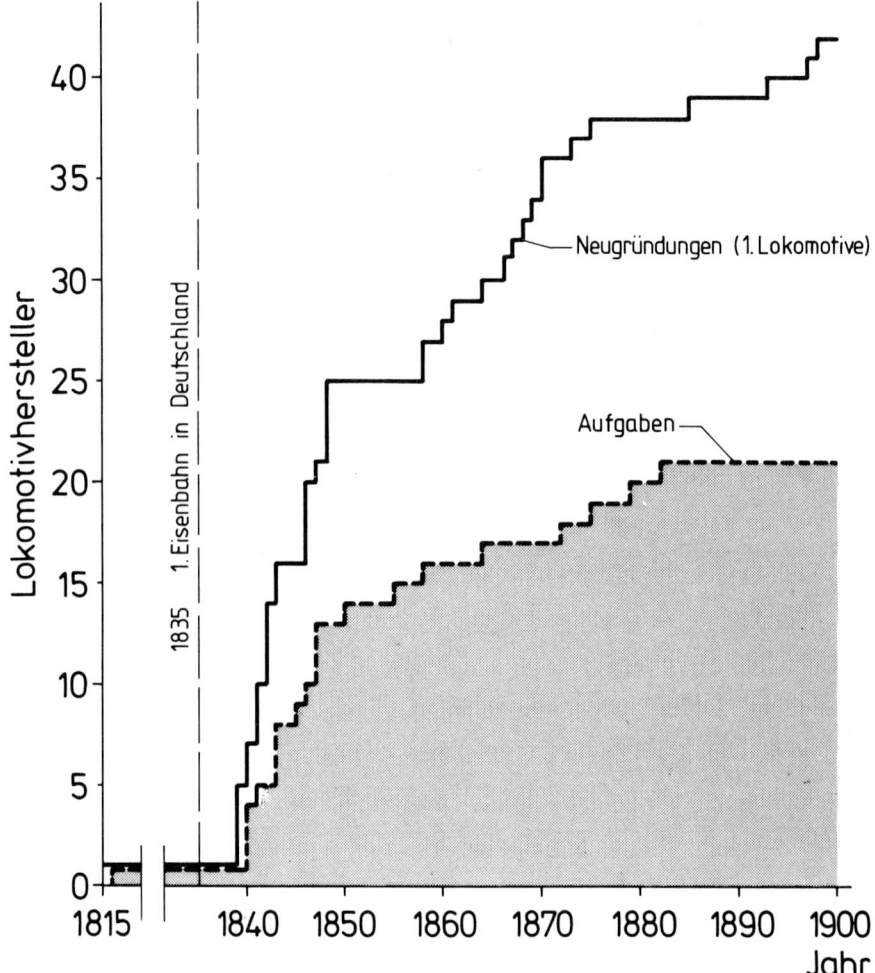

30
Die Entwicklung der Deutschen
Lokomotivindustrie im 19. Jahr-
hundert

zusammenhängen, also in erster Linie mit der elektrischen Lokomotive und der Motorlokomotive. Zu den Neugründungen in unserem Jahrhundert gehört auch die Firma *Krupp,* Essen, die den Lokomotivbau erst nach dem Ersten Weltkrieg in ihr Produktionsprogramm aufnahm. Trotzdem darf nicht unerwähnt bleiben, daß Krupp schon im 19. Jahrhundert wesentlichen Anteil am deutschen Lokomotivbau hatte, seit 1848 in zunehmendem Maße als Zulieferer zahlreicher Lokomotivhersteller für Kolbenstangen, Lokomotiv- und Tenderachsen, Kropfachsen (für innenliegende Triebwerke), Fahrzeugfedern, Radreifen, Schmiedestücke und Stahlguß.

Die Entwicklung der Dampflokomotive und die Pionierleistungen deutscher Lokomotivingenieure

Der Anstoß zur Aufnahme des Lokomotivbaus in Deutschland kam zweifellos aus dem Ausland, aus England. Trotzdem müssen der Unternehmergeist und die Weitsicht der Männer bewundert werden, die damals in den Gründerjahren das Risiko auf sich nahmen, in eine nahezu unbekannte, noch keinesfalls erprobte Technik zu investieren. Die Nachwelt spricht in solchen und ähnlichen Fällen nur von den Erfolgreichen. Das waren in erster Linie August Borsig und Joseph Anton Maffei, die beide bereits 1841, nur sechs Jahre nach „Nürnberg–Fürth", ihre erste Lokomotive ablieferten. Aber auch Georg Egestorff, der Begründer der HANOMAG, Carl Anton Henschel, Georg Krauss und Louis Schwartzkopff müssen hier genannt werden. Ihrer Initiative letztlich ist es zu danken, daß sich der deutsche Lokomotivbau schon frühzeitig von den Vorbildern des Auslands löste und zum Teil eigene, neue Wege ging. Wie sich noch zeigen wird, hat die Kreativität deutscher Lokomotivingenieure die Entwicklung der Dampflokomotive auch in anderen Ländern der Erde wesentlich beeinflußt.

Bei der Behandlung der deutschen Lokomotivtechnik der Gründerzeit und der folgenden Jahrzehnte sollen fünf Themenkreise behandelt werden:
– Die Erhöhung der Leistungsfähigkeit,
– die Steigerung der Geschwindigkeit,
– die Kurvenbeweglichkeit und die Verbesserung der Laufruhe,
– die Verbesserung des thermischen Wirkungsgrades und der Wirtschaftlichkeit und
– die Vereinfachung von Wartung und Unterhaltung.
Bei der Fülle des Materials und der Ereignisse kann verständlicherweise nur auf einige, herausragende Entwicklungen eingegangen werden.

Die ersten von deutschen Unternehmen gebauten Lokomotiven wiesen fast ausnahmslos nach englischem Vorbild die Achsfolge 1A1, d. h. nur eine angetriebene Achse auf. Die Zugkräfte waren entsprechend gering, eine Achslast von 10 t für die Treibachse war bereits eine Ausnahme. Die erste Lokomotive von J. A. Maffei, „Der Münchner", brachte ganze 14 t auf die Schiene, das Reibungsgewicht lag also mit Sicherheit unter 10 t. Zunächst war das aber völlig ausreichend, denn die ersten Lokomotiven hatten ja nur kleine Dampfkessel, welche die Leistung ohnehin begrenzten. So entwickelte der „Adler", Stephensons Lokomotive für „Nürnberg—Fürth", ganze 40 PS (29,4 kW).

Der Wunsch nach höheren Anhängelasten führte bald zur Vermehrung der angetriebenen Achsen und zur Erhöhung des Reibungsgewichts. Bereits die erste betriebsfähige deutsche Lokomotive, die „Saxonia" von Uebigau, Dresden, aus dem Jahre 1839 stellte mit zwei angetriebenen Achsen einen erheblichen Fortschritt dar. In den folgenden Jahrzehnten kamen immer mehr Lokomotiven mit zwei, drei, vier, ja fünf angetriebenen Achsen zur Ausführung. Diese Entwicklung führte schließlich in unserem Jahrhundert unter anderen zu der berühmten 1F-Lokomotive der Württembergischen Staatsbahn, einer Einrahmen-Lokomotive mit sechs angetriebenen Achsen, oder auch zu der Mallet-Gelenklokomotive der Bayerischen Staatsbahn (der späteren Baureihe 96) mit acht Treibachsen. Allen weit voraus aber war J. A. Maffei mit seiner „Bavaria", mit der er – es war seine 22. Lokomotive – 1851 im benachbarten Österreich den dort ausgeschriebenen Semmering-Wettbewerb gewann.

Abb. 31

Auf den ersten Blick glaubt man nur zwei angetriebene Achsen zu erkennen. Tatsächlich sind aber die drei Radsätze des Tenders und ebenso die beiden vorderen Radsätze der Lokomotive mittels Stangen gekuppelt, wobei die letzte Lokomotivachse mit der ersten Tenderachse und die dritte Lokomotivachse mit der zweiten über eine Kette gekuppelt sind. Die „Bavaria" hatte also bereits 1851 zusammen sieben angetriebene Achsen, womit sie ihren vierachsigen Konkurrenten bei dem erwähnten Wettbewerb weit überlegen war. Das Reibungsgewicht betrug mehr als 70 t, so daß die maximale Steigung 1:40 (25‰) auf der Strecke mit der vorgeschriebenen Anhängelast mühelos bewältigt werden konnte.

Abb. 32

Mit steigender Anzahl der Treibachsen wuchs zwangsläufig auch die Länge der Lokomotiven. Damit konnten längere Dampfkessel auf dem Fahrgestell untergebracht werden. Auch der Kesseldurchmesser wurde vergrößert, um Wasservolumen und Dampfer-

31
Lokomotive „Bavaria", von Maffei,
1851

32
Einzelheiten der „Bavaria"

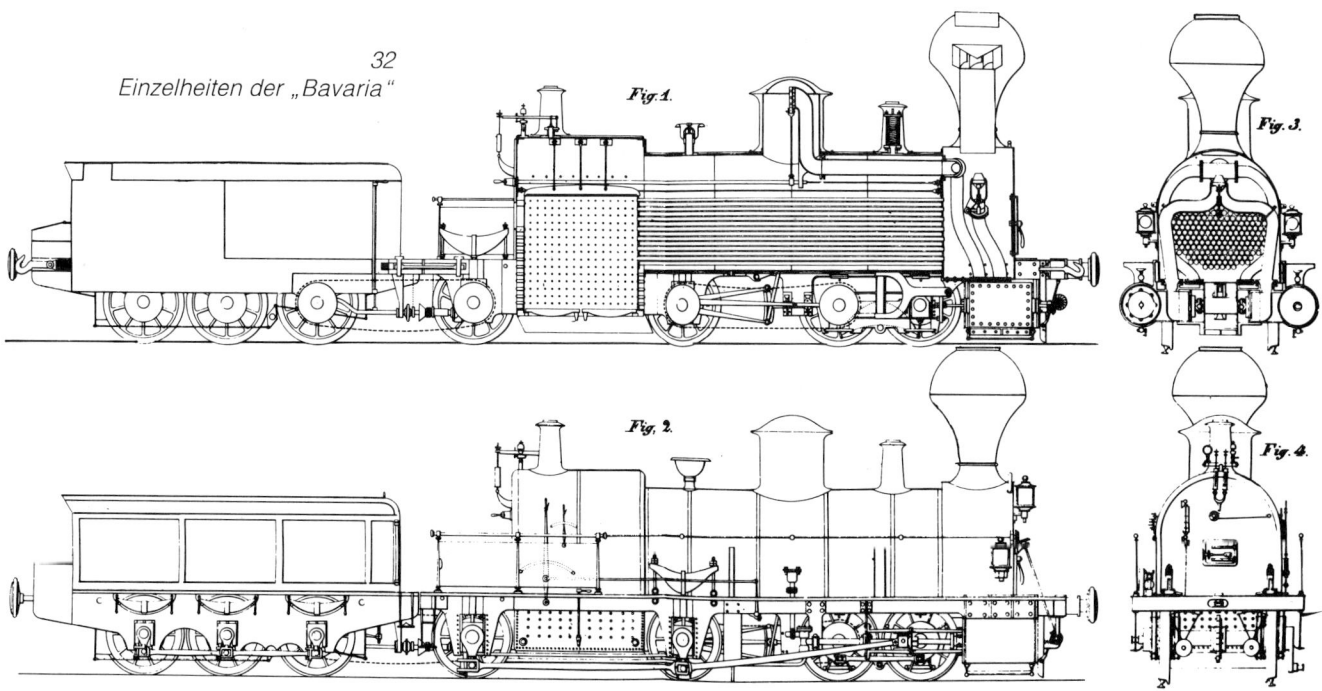

zeugung zu steigern. Als auch das noch nicht befriedigte, wurde der Kesseldruck erhöht, der beim „Adler" mit 3,5 atü (3,5 bar) doch recht niedrig gewesen war. Schon gegen Ende der sechziger Jahre gab es die ersten Lokomotiven mit 12 atü Kesseldruck, was im vorigen Jahrhundert aber auch die Obergrenze blieb. Später, in unserem Jahrhundert, war dann lange Zeit 16 atü die Norm, schließlich kamen auch 20 atü und 25 atü zur Ausführung.

Zur Veranschaulichung einige Beispiele für die Weiterentwicklung der Lokomotive mit nur zwei angetriebenen Achsen zu mehrachsig angetriebenen Lokomotiven:

33
1B n2-Lokomotive „Juno", von
Maffei, 1853

34
C n2-Lokomotive „Ebelsbach", von
Krauss, 1868

35
1'D n2-Lokomotive von Krauss, 1894

36
*B'B n4v-Mallet-Tenderlokomotive,
von Maffei, 1899*

37
*CB'-Tenderlokomotive mit Hagans-
Triebwerk, gebaut von Henschel
1900*

Abb. 33   – die 1B-Lokomotive „Juno" von Maffei aus dem Jahr 1853,

Abb. 34   – die C-Lokomotive „Ebelsbach" von Krauss aus dem Jahr 1868,

Abb. 35   – eine 1'D-Lokomotive von Krauss von 1894,

Abb. 36   – eine B'B-Lokomotive, Bauart Malett, von Maffei aus dem Jahr 1899 und

Abb. 37   – eine CB'-Lokomotive mit Hagans-Triebwerk (die beiden hinteren Achsen sind in einem Drehgestell gelagert) von Henschel aus dem Jahr 1900.

Die letzten Abbildungen bieten bereits weitgehend das gewohnte Erscheinungsbild der Dampflokomotiven unseres Jahrhunderts, an das sich die Älteren unter den Lesern sicher noch erinnern.

Schon die 25 km/h, mit denen Stephensons „Locomotion" 1825 den ersten Personenzug von Stockton nach Darlington zog, erschienen den Zeitgenossen im Vergleich zur Postkutsche kaum glaublich. Die 40 km/h des „Adler" zwischen Nürnberg und Fürth waren demgegenüber geradezu Raserei. So wurde zunächst in Richtung auf eine Steigerung der Geschwindigkeit wenig unternommen. Man hatte auch mit Unfällen und Entgleisungen mancherlei Probleme, die zur Vorsicht mahnten.

Abb. 38

Sichere 60 km/h wurden als erstrebenswertes Ziel und als völlig ausreichend angesehen. Natürlich fehlte es trotzdem nicht an Versuchen, schneller zu fahren. Und auch hier war es wiederum eine Maffei-Lokomotive, die 2A-Crampton-Lokomotive „Die Pfalz", die ihrer Zeit weit voraus die damals unvorstellbare Rekordgeschwindigkeit von 120 km/h erreichte. Als Jahr der Rekordfahrt liegen zwei verschiedene Angaben vor, 1853 und 1857, aber gleichgültig, welche Angabe stimmt, es handelte sich zweifellos um ein bedeutendes Ereignis der Eisenbahngeschichte. Heute kann man sich kaum vorstellen, wie die Rekordfahrt vor rund 130 Jahren abgelaufen ist. Der damalige Gleisoberbau hatte ja mit seinen kurzen Schienen und den entsprechend häufigen Stoßfugen keinesfalls die Qualität des für uns selbstverständlichen, durchgehend geschweißten Gleises. Es muß ein nicht ungefährliches Abenteuer gewesen sein, auch wenn die Rekordgeschwindigkeit sicher nur kurzfristig eingehalten wurde.

38
2A-Crampton-Lokomotive
„Die Pfalz", von Maffei, 1853

Übrigens wurde die Geschwindigkeit, die „Die Pfalz" in den fünfziger Jahren des 19. Jahrhunderts erreichte, erst in unserem Jahrhundert nennenswert überboten, als 1906 die berühmte bayerische Schnellzug-Lokomotive S 2/6, ebenfalls eine Maffei-Lokomotive, vor einem 150-t-D-Zug 155 km/h erreichte.

Wesentliche Voraussetzung für höhere Geschwindigkeiten war die Erkenntnis, daß dazu größere Treibräder verwendet werden müssen. Nur so ließen sich die Drehzahl der Lokomotiv-Dampfmaschine und das von den hin- und hergehenden, unausgeglichenen Triebwerksmassen verursachte Zucken, Wanken und Schlingern der Lokomotive in Grenzen halten. Der Engländer Crampton hatte erstmalig die Idee. Von ihm stammt auch die für die Verbesserung der Laufruhe wichtige Anordnung beider Laufachsen vor der Treibachse.

Die Erzielung einer befriedigenden Laufruhe und damit einer ausreichenden Entgleisungssicherheit bereitete den damaligen Lokomotivingenieuren viel Kopfzerbrechen. Das Zucken, Wanken und Schlingern der Lokomotive als Folge der unausgeglichenen Triebwerksmassen, das Nicken als Folge der kurzen Schienen und zahlreichen Stoßfugen führten unverhältnismäßig oft zu Entgleisungen. Insofern hatte Stephenson – bewußt oder unbewußt – mit seinem innenliegenden Stangentriebwerk die bessere Lösung gefunden, da die unausgeglichenen Massenkräfte an einem wesentlich kürzeren Hebelarm wirkten. Daß trotzdem die deutschen Lokomotivbauer wegen der besseren Zugänglichkeit und einfacheren Wartung immer mehr zum Außen-Triebwerk übergingen, war nur im Zusammenhang mit der größeren geführten Länge der Lokomotiven zu vertreten, die sich zwangsläufig aus der Leistungssteigerung und der daraus resultierenden Verwendung von immer mehr Achsen – Lauf- und Treibachsen – ergab.

Abb. 39 Bei den ersten zwei- und dreiachsigen Lokomotiven war der Kurvenlauf noch kein Problem. Sie waren kurz und hatten damit einen kurzen, festen Radstand. Die Achsen waren fest im Rahmen gelagert. Mit zunehmender Anzahl der angetriebenen Achsen kamen jedoch Probleme auf, da einerseits der Anlaufwinkel der führenden Achse in der Kurve wegen der Entgleisungssicherheit und mit Rücksicht auf den Verschleiß von Rad und Schiene nicht zu groß werden durfte, die Treibachsen aber andererseits wegen des Stangentriebwerks parallel geführt werden mußten. Abhilfe brachte zunächst die seitenverschiebliche Treibachse, die das Drehen des Fahrzeugs im Gleisbogen erleichterte. Gelegentlich half man sich auch durch Schwächung oder gänzliches Fortlassen des Spurkranzes bei den mittleren Treibachsen. Eine bis in unser Jahrhundert angewandte Idee hatte der Elsässer Edouard Beugniot, Mitarbeiter der Elsässischen Maschinenbaugesellschaft, Mühlhausen, der schon 1852 eine D-Lokomotive konzipierte, bei der je zwei benachbarte Treibachsen durch einen Lenkhebel – nach dem Erfinder Beugniot-Hebel genannt – verbunden waren. Damit verteilten sich die Führungskräfte im Gleisbogen auf zwei Spurkränze, Anlaufdruck und Verschleiß wurden halbiert.

Abb. 40 Für noch längere Lokomotiven, insbesondere solche, bei denen die angestrebte Leistungsfähigkeit die Verwendung zusätzlicher Laufachsen zur Abstützung des langen und schweren Kessels erforderte, wurden Kombinationen von Treibachsen mit angenähert radial einstellbaren Lenkachsen und Laufdrehgestellen entwickelt.

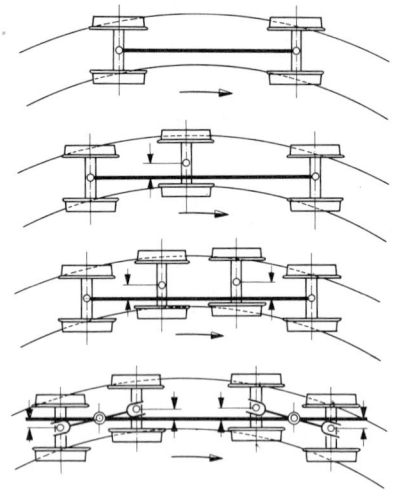

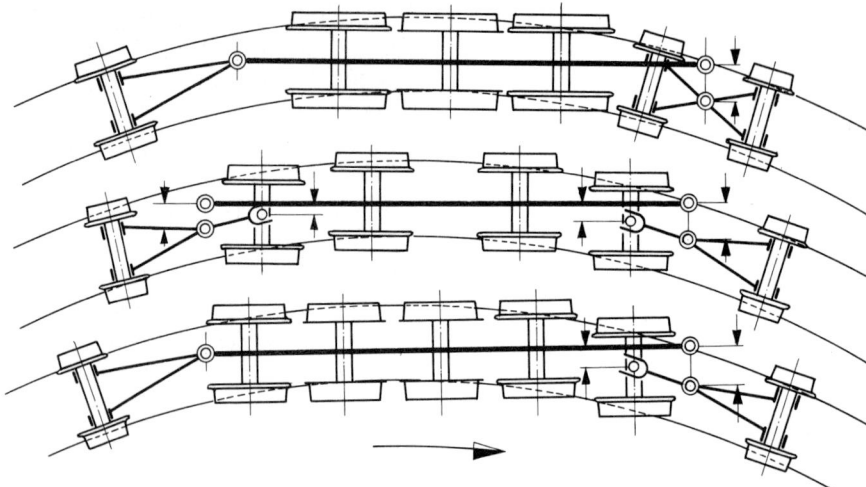

$\dfrac{39 \mid 40}{\mid 41}$

39
Einrahmen-Fahrzeuge im Gleis-
bogen

40
Glieder-Fahrzeuge im Gleisbogen

41
Krauss-Helmholtz-Gestell, gebaut
von Krauss, 1888

Abb. 41

Bei dem von Richard v. Helmholtz, einem Mitarbeiter von Krauss, entwickelten Krauss-Helmholtz-Gestell steuert die im Gleisbogen ausgelenkte Laufachse die Seitenverschiebung der folgenden Treibachse, bis beide Radsätze an der Außenschiene anlaufen. Damit verteilt sich auch hier die Führungskraft auf zwei Radsätze, der Spurkranzverschleiß wird entsprechend geringer.

Professor Lotter, zeitweilig an den Technischen Hochschulen München und Breslau tätig, Mitarbeiter von Krauss und Schüler von Helmholtz, entwickelte das zweiachsige Krauss-Helmholtz-Gestell

Richard von Helmholtz, 1852–1934

42
Lotter-Gestell, gebaut von Krauss

Abb. 42   weiter zum dreiachsigen Lotter-Gestell, bei dem das im Gleisbogen ausgelenkte Laufgestell die Seitenverschiebung der folgenden Treibachse steuert, bis alle drei Achsen an der Außenschiene anlaufen. Entsprechend verteilt sich die Führungskraft auf drei Achsen, Spurkranzkräfte und Verschleiß werden geringer. Sowohl das Krauss-Helmholtz-Gestell als auch das Lotter-Gestell wurden in vielen tausend Dampflokomotiven im In- und Ausland verwendet.

Die Verbesserung des thermischen Wirkungsgrades und der Wirtschaftlichkeit

Zunächst wurde auf Wirtschaftlichkeit wenig geachtet, die Hauptsache war fahren. Die ersten Lokomotiven arbeiteten noch mit fast voller Füllung, d. h., der Dampf wurde den Zylindern so lange zugeführt, bis der Kolben seinen Weg fast beendet hatte. Der Dampf verließ den Zylinder deshalb mit nahezu vollem Arbeitsdruck, was naturgemäß erhebliche Energieverluste zur Folge hatte. Die Steuerung war infolgedessen sehr einfach, nur das Anfahren erforderte eine gewisse Geschicklichkeit. Dafür hatten die ersten Lokomotiven eine Handhebelsteuerung, mit welcher der Lokomotivführer genau im richtigen Augenblick Dampf in die Zylinder lassen mußte. Erst wenn die Lokomotive in Fahrt war, übernahmen Exzenter auf der Treibachse die Steuerung der Dampfzufuhr zu den Arbeitszylindern, natürlich immer noch mit fast voller Füllung. Es wird berichtet, daß während der Fahrt besagter Handhebel im Takt der Treibradumdrehungen gefährlich hin und her wippte – gefährlich für den Lokomotivführer –, bis es 1838 gelang, den Handhebel mit Hilfe einer Schlitzsteuerung während der Fahrt „außer Betrieb" zu setzen. Es war wiederum Stephenson, der die verbesserte Gabelsteuerung erfand.

Bald kam man darauf, daß es vollkommen genügt, den Zylinder nur teilweise mit Frischdampf zu füllen und die weitere Bewegung des Kolbens der Expansion des Dampfes zu überlassen. Zunächst begnügte man sich mit von Hand einstellbaren Füllungen, etwa 70% für das Anfahren und 50% für die Fahrt. Etwa um 1855/56 schufen der Ingenieur Trick von der Maschinenfabrik Esslingen und der Engländer Allan eine weiter verbesserte Steuerung mit veränderlicher Füllung. Schon vor ihnen, 1849, entwarf der Maschinenmeister der Taunus-Bahn, Heusinger von Waldeck, fast gleichzeitig mit dem Belgier Walschaert eine neue Steuerung, die sich merkwürdigerweise zunächst nicht durchsetzen konnte, obwohl sie gegenüber den damals bekannten Steuerungen wesentliche Vorteile aufwies. Trotz ihrer geringeren Empfindlichkeit gegen das Federspiel der Treibachsen, ihrer guten Zugänglichkeit bei der Wartung und ihrer besseren Unterbringungsmöglichkeit fand die Heusinger-Steuerung erst in den achtziger Jahren des vorigen Jahrhunderts weitere Verbreitung. In der Folgezeit wurde sie dann aber weltweit angewandt, und es gab in unserem Jahrhundert kaum eine neue Dampflokomotivkonstruktion, bei der sie nicht verwendet wurde.

Neben der Ausnutzung der Expansion des Dampfes war die Erhöhung des Kesseldruckes ein wichtiges Mittel, den Dampfverbrauch und damit auch die Brennstoffkosten zu senken. Der „Adler" hatte seinerzeit nur 3,5 atü Kesseldruck, aber bereits gegen Ende der

Edmund Heusinger von Waldegg, 1817–1886

sechziger Jahre waren 12 atü keine Seltenheit. Dieser Kesseldruck wurde dann für den Rest des 19. Jahrhunderts beibehalten. In unserem Jahrhundert wurden es zunächst 16 atü und später 20 atü, zuletzt sogar 25 atü. Für die Lokomotivingenieure des vorigen Jahrhunderts waren 12 atü Arbeitsdruck schon viel. Er war ohnehin höher, als damals bei stationären Dampfmaschinen üblich.

1865 hatten Untersuchungen des Münchner Professors Bauschinger gezeigt, daß der hohe Wärmeverlust im Dampfzylinder durch Kondensation des in den Zylinder eintretenden Dampfes an den kalten Zylinderwandungen entsteht. Dieser Verlust konnte zunächst nur durch mehr Füllung, d. h. höheren Dampf- und Brennstoffverbrauch, ausgeglichen werden. Man kam deshalb auf den Gedanken, den Temperaturunterschied des Dampfes zwischen Ein- und Austritt im Zylinder dadurch zu vermindern, daß man das Temperatur- und damit auch das Druckgefälle unterteilte. So entstand die Verbund-Lokomotive, bei welcher der Dampf zunächst im Hochdruckzylinder auf einen mittleren Arbeitsdruck entspannt wird, um dann im Niederdruckzylinder völlig zu entspannen. Um bei den damals üblichen Lokomotiven mit je einem Arbeitszylinder auf jeder Seite gleiche Stangenkräfte zu erzielen, mußte der Niederdruckzylinder im Durchmesser wesentlich größer ausgeführt werden als der Hochdruckzylinder. Die Sache hatte auch noch einen anderen Nachteil. Wegen der üblichen und notwendigen Kurbelversetzung um 90° zwischen dem rechten und linken Triebwerk konnte betrieblich eine Anfahrstellung eintreten, bei der die Hochdruckseite in einem der beiden „toten Punkte" des Kurbeltriebs stehenblieb. In diesem Falle erhielt die Niederdruckseite keinen Dampf, und die Lokomotive konnte nicht anfahren. Abhilfe brachte eine Zusatzeinrichtung, durch die in einem solchen Falle die Niederdruckseite direkt Frischdampf erhielt. Bei den späteren Verbund-Lokomotiven, insbesondere in unserem Jahrhundert, handelte es sich in der Regel um Vierzylinder-Lokomotiven, bei denen das Problem durch die Anordnung je eines Hoch- und Niederdruckzylinders je Lokomotivseite umgangen wurde.

Abb. 43

Es wurde bereits erwähnt, daß Schichau, Elbing, die erste Verbund-Lokomotive, Achsfolge 1A, für die Hannoversche Staatsbahn lieferte. Es handelte sich um eine Zweizylinder-Verbundlokomotive, also mit je einem Hoch- und Niederdruckzylinder. Nur wenig später, 1883, lieferte auch Henschel seine erste 1A n2v-Lokomotive an die Königlich Preußische Eisenbahnverwaltung. 1889 folgte Krauss mit

Abb. 44

seiner 1B n2v-Lokomotive „Stettin". Abb. 45 zeigt eine 2'C n4v-Loko-

43
1A n2v-Verbundlokomotive von
Henschel, 1883

44
1B n2v-Verbundlokomotive von
Krauss, 1889

45
2'C n4v-Verbundlokomotive von
Maffei 1896

Abb. 45

motive von Maffei aus dem Jahre 1896, bei der – wie später allgemein üblich – die Niederdruckzylinder außen liegen, während die innen angeordneten Hochdruckzylinder auf die gekröpfte Treibachse arbeiten.

Schon die Verbundlokomotive war ein Weg, die Kondensationsverluste im Zylinder zu vermindern. Um sie möglichst völlig zu vermeiden, lag der Gedanke nahe, die Dampftemperatur so zu erhöhen, daß auch die Abkühlung des Dampfes an den Zylinderwandungen noch nicht zur Kondensation führt. Erste Versuche in England an stationären Dampfmaschinen, ebenso Versuche des Elsässers Hirn in den fünfziger Jahren, waren an technischen Schwierigkeiten gescheitert. Es gelang nicht, die erforderlichen hohen Dampftemperaturen zu verwirklichen. Die dafür notwendigen Werkstoffe, Dichtungen und Schmiermittel standen damals noch nicht zur Verfügung. Erst die Arbeiten des Kasseler Ingenieurs Wilhelm Schmidt ebneten um 1890

46
Rauchkammer-Überhitzer der G 8
von W. Schmidt, Kassel

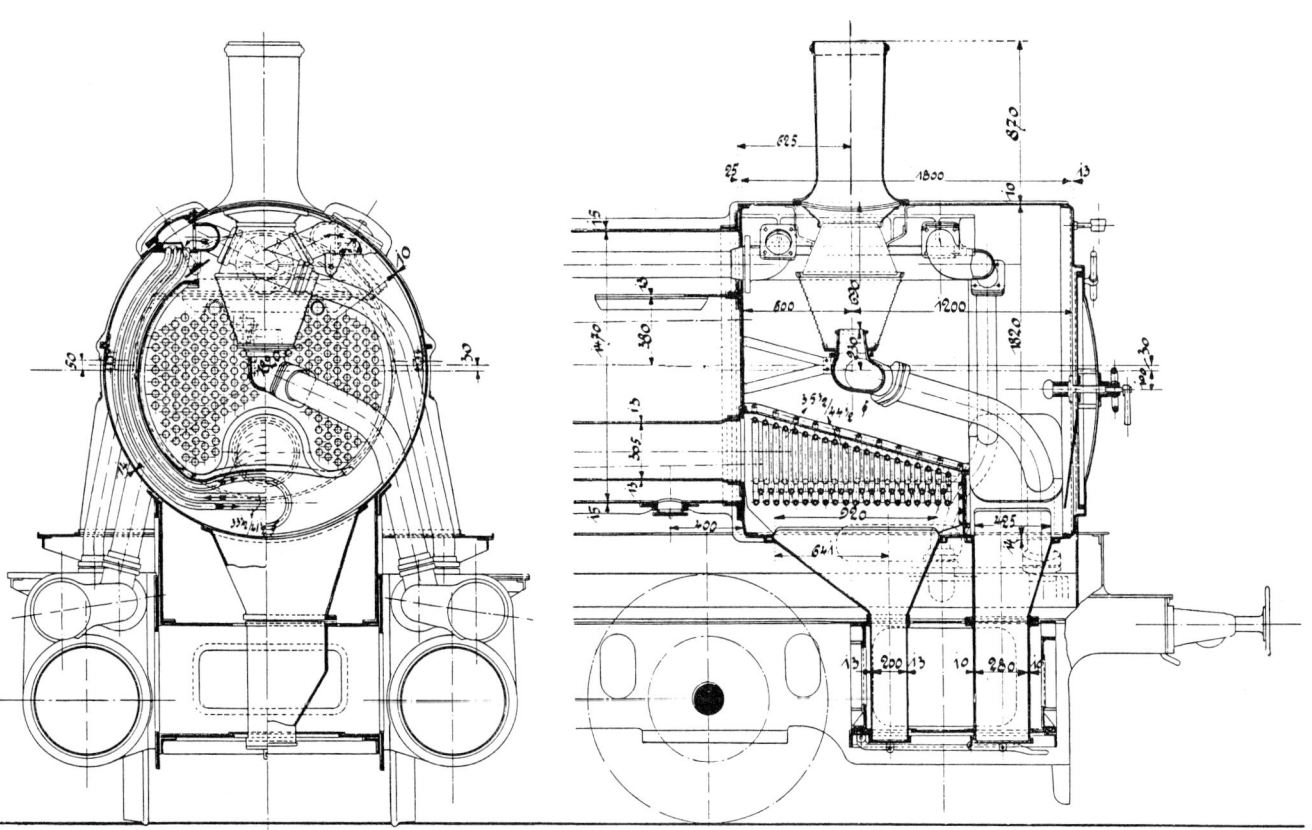

der Einführung des auf 320 bis 360 °C überhitzten Dampfes den Weg.

Abb. 46

Seine Erfindung war zunächst der Rauchkammer-Überhitzer, bei dem zwei in der Rauchkammer angeordnete Dampfsammelkästen durch eine große Zahl U-förmig gebogener Überhitzerrohre verbunden waren, die von den Abgasen umspült wurden. Da diese Bauart nicht restlos befriedigte, verlegte man später die Überhitzerrohre in die Rauchrohre, wodurch Dampftemperaturen bis 400 °C ermöglicht wur-

Abb. 47

47
Lokomotivkessel mit und ohne
Rauchrohr-Überhitzer

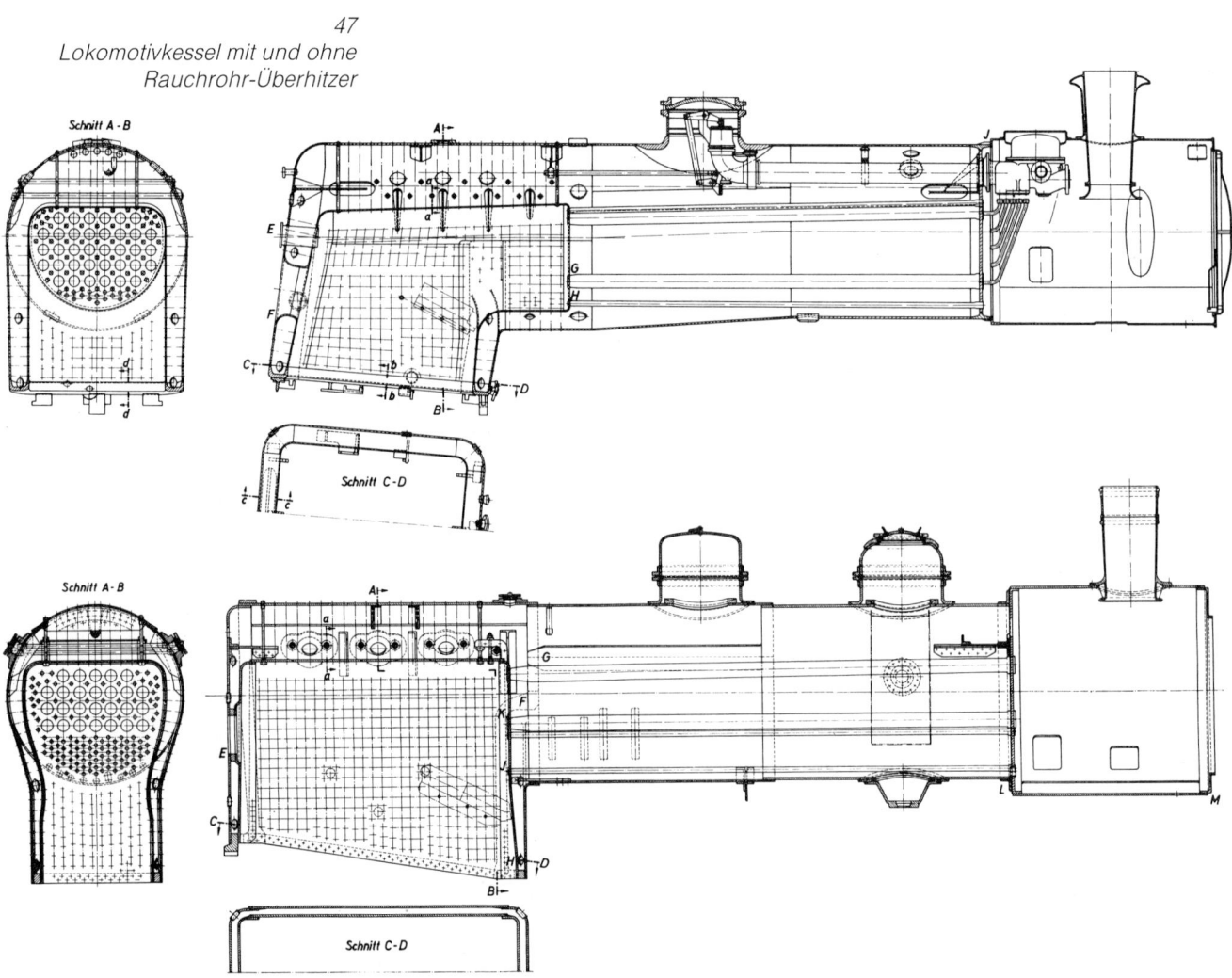

52

Abb. 48

Abb. 49

den. 1898 lieferte Henschel die erste Heißdampf-Lokomotive der Welt, eine 2'B h2-Personenzug-Lokomotive an die Königlich Preußische Eisenbahnverwaltung (K.P.E.V.). Die Lokomotive hatte, ebenso wie die 2'B h2-Tender-Lokomotive von Henschel aus dem Jahre 1900 noch einen Rauch k a m m e r-Überhitzer. Die wesentlich wirksameren Rauch r o h r- Überhitzer kamen erst gegen Anfang unseres Jahrhunderts zum Einbau. Äußerlich ist das Vorhandensein eines Überhitzers an der Lokomotive kaum zu erkennen.

48
Erste Heißdampf-Lokomotive,
gebaut von Henschel, 1898

49
Heißdampf-Tenderlokomotive von
Henschel, 1900

Wilhelm Schmidt, 1858–1924

In der ersten Hälfte unseres Jahrhunderts hat die Heißdampf-Lokomotive die Welt erobert. Mit etwa 20% Brennstoffersparnis und 25% Wasserersparnis hat sie die alte Naßdampflokomotive praktisch völlig verdrängt. Die damals gegründete Schmidt'sche Heißdampfgesellschaft exportierte ihre Überhitzer in wohl alle Lokomotiven bauenden Länder der Erde.

Zu den Maßnahmen zur Verbesserung der Wärmewirtschaft gehört aber auch die Speisewasser-Vorwärmung. Schon 1850 verwendeten der Maschinenmeister Kirchweger von der damaligen Hannoverschen Staatsbahn und sein Kollege Rohrbeck von der Preußischen Ostbahn ein System, bei dem Abdampf hinter den Zylindern entnommen und mittels einer Rohrleitung in das Tenderwasser geleitet wurde. Der Dampf erwärmte dabei nicht nur das Wasser, sondern kondensierte auch selbst und vergrößerte damit den Wasservorrat. Eine Speisewasser-Rückgewinnungsanlage war damit erfunden. Die dabei erzielte Brennstoffersparnis soll bereits 7 bis 8% betragen haben. Trotzdem verschwand das System in der Folgezeit, da die damals üblichen Kesselspeisepumpen mit ihrer Kolbenbauart bei Wassertemperaturen zwischen 70 und 90 °C nicht einwandfrei arbeiteten, unter anderem wegen Verunreinigung des Speisewassers durch Ölrückstände im Abdampf, die von der Zylinderschmierung herrührten. Erst in unserem Jahrhundert wurden die dann allgemein üblichen Speisewasservorwärmer entwickelt, bei denen das Tenderwasser vor Eintritt in den Kessel durch vom Abdampf umspülte Rohre geleitet wurde, also in Form einer Trennung von Abdampf und Speisewasser ohne Speisewasser-Rückgewinnung. Bei richtiger Dimensionierung wurden mit diesen Wärmetauschern Wassertemperaturen zwischen 90 und 100 °C und eine Brennstoffersparnis bis zu 10% erzielt.

Abb. 50

Die Jubiläumsschrift des damaligen Reichsverkehrsministeriums „Hundert Jahre deutsche Eisenbahnen" enthält eine interessante Übersicht über den Kohle- und Dampfverbrauch der Dampflokomotiven zwischen 1835 und 1933. Die Zahlen sind aufgrund alter Aufschreibungen errechnet, die meist nichts über die jeweilige Geschwindigkeit, die Anhängelast, den Heizwert des verwendeten Brennstoffes und das Streckenprofil aussagen. Sie mögen deshalb gewisse Ungenauigkeiten enthalten. Trotzdem lassen die Werte erkennen, wie sich die geschilderten Maßnahmen zur Verbesserung des thermischen Wirkungsgrades der Dampflokomotive, also die Expansionssteuerung, die Überhitzung und die Speisewasservorwärmung ausgewirkt haben. In der Zeit von 1835 bis zur Jahrhundertwende verminderte sich der Kohleverbrauch von 5,2 kg/PS$_i$h auf etwa 1,1 kg/PS$_i$h, also etwa ein Fünftel des Verbrauches des „Adler". Der Dampfverbrauch nahm in der gleichen Zeit von 31,0 kg/PS$_i$h auf etwa 8,0 kg/PS$_i$h ab, also auf etwa ein Viertel des Wertes des „Adler". Wie die Abb. 50 weiter zeigt, wurden auch in unserem Jahrhundert weitere Verbesserungen erzielt. Hierauf wird bei der Behandlung des deutschen Lokomotivbaus im 20. Jahrhundert noch gesondert eingegangen.

50   *Kohle- und Dampfverbrauch der Lokomotiven 1835–1933*

Jahr	Kohleverbrauch kg/PS$_i$h	Dampfverbrauch kg/PS$_i$h	Kesseldruck atü	Geschwindigkeit km/h	Bemerkungen
1835	5,20	31,00	3,5		Röhrenkessel, Steuerung ohne Expansion, etwa „Adler"
1837	4,70	25,00	4,2		Röhrenkessel, Steuerung ohne Expansion
1839	3,15	20,00	4,2		Kurzrohrkessel, Füllung bis 65%, 5% Vorausströmung
1842	2,70	20,00	4,2		Langrohrkessel, Füllung bis 65%, 5% Vorausströmung
1845	1,98	15,00	5,0		Langrohrkessel, Expansionssteuerung
1855	1,77	13,75	6,0		2A Crampton-Lokomotive, Expansionssteuerung
1876	1,70	13,00	9,0		1B Personenzug-Lokomotive, Expansionssteuerung
1878	1,40	10,60	10,0		C Güterzug-Lokomotive, Expansionssteuerung
1884	1,25	9,60	12,0/13,0		Einführung des Verbundverfahrens
1907	1,08	7,50	12,0		Heißdampf-Lokomotive (ohne Vorwärmer)
1909	0,99	6,80	12,0		Heißdampf-Verbund-Lokomotive (Überhitzung 320 °C)
1914	0,96 0,94	7,12 7,10	12,0 12,0	80 100	2′C h2 Personenzug-Lokomotive P8 (mit Vorwärmer)
1914	0,88 0,91	6,43 6,35	14,0 14,0	80 100	2′C h4v Schnellzug-Lokomotive S10[1]
1923	0,88 0,98	6,23 6,98	16,0 16,0	80 100	2′C1′ h4v Schnellzug-Lokomotive S3/6
1926	0,95	6,56	14,0	80	1′C1′ h2 Personenzug-Tenderlokomotive Baureihe 64
1929	0,70	5,96	60,0	60	2′C h3v Hochdruck Schnellzuglokomotive (Henschel)
1930	0,68 0,89	6,32 6,10	16,0 16,0	80 100	2′C1′ h2 Schnellzug-Lokomotive Baureihe 03
1932	0,80 0,78	5,25 5,05	25,0 25,0	60 100	2′C1′ h4v Schnellzug-Lokomotive Baureihe 02
1932		5,20 4,90	25 25	60 80	1′C h2v Personenzug-Lokomotive Baureihe 24
1933	0,71 0,78	5,00 5,52	25 25	60 80	1′E h4v Güterzug-Lokomotive Baureihe 44

Quelle: „Hundert Jahre deutsche Eisenbahnen", herausgegeben vom Reichsverkehrsministerium 1938

Mit zunehmender Ausdehnung des Eisenbahnnetzes und Ausweitung des Eisenbahnverkehrs stellte sich immer mehr die Frage der Wirtschaftlichkeit des Betriebes. Wenn auch der thermische Wirkungsgrad, d. h. die Ausnutzung des auf dem Rost verfeuerten Brennstoffes und dessen Kosten dabei eine wesentliche Rolle spielen, die Kosten für die laufende Wartung und Unterhaltung sind nicht weniger wichtig. Schließlich spielt auch die Lebensdauer der einzelnen Bauteile und Baugruppen sowie der Verschleißteile eine wesentliche Rolle.

Die deutschen Lokomotivhersteller der Gründerzeit haben das Innentriebwerk der englischen Vorbilder schon sehr frühzeitig verlassen. Die Anordnung der Arbeitszylinder, der Treib- und Kuppelstangen sowie der Steuerung an den Außenseiten der Lokomotive war nicht nur für die Montage dieser Teile vorteilhaft, sie erleichterte auch die ständige Wartung und Schmierung der zahlreichen Lager- und Gleitstellen. Es kam hinzu, daß die beim Innentriebwerk unvermeidlichen Kropfachsen anfänglich noch aus Gußstahl gefertigt wurden und zu unverhältnismäßig häufigen Achsbrüchen neigten. Als gegen Ende des vorigen Jahrhunderts für die Vierzylinder-Verbundlokomotiven Kropfachsen gebraucht wurden, konnte man diese längst schmieden, und das Problem war damit gelöst.

Überhaupt mußten für manche Bauelemente erst die geeigneten Werkstoffe und Fertigungsverfahren entwickelt werden. Die Räder bestanden zum Beispiel anfänglich teilweise aus gegossenen Naben, in welche die aus Flacheisen gebogenen Speichen eingegossen wurden. Der Radkranz war dabei mit den Speichen durch Nietung verbunden. Die Bandage schließlich wurde aus einer Stange gebogen, die Enden im Schmiedefeuer verschweißt und der Reifen dann mit dem Rad verschraubt. Kein Wunder, daß sich bei der damaligen Qualität des Gleises verschiedene Teile losrüttelten und Rad- und Bandagenbrüche keine Seltenheit waren. Bis zur nahtlos geschmiedeten und gewalzten Bandage von Krupp und ihrem Schrumpfsitz auf dem einteiligen Radkörper war es ein weiter Weg.

Auch der Lokomotivrahmen hat seine Entwicklungsgeschichte. Anfangs bestand der Rahmen aus zwei selbständigen Teilen, dem Maschinenrahmen, der mit der Dampfmaschine und dem Kessel fest verbunden war, und dem Fahrzeugrahmen, der lediglich die Lasten, d. h. die senkrechten Kräfte aufnehmen sollte. In den Anfangsjahren der Lokomotive war man sich über den Kräfteverlauf von der Dampfmaschine zum Zughaken keinesfalls klar. Zunächst war der Zughaken sogar am Hinterkessel befestigt. Der Fahrzeugrahmen bestand aus Eichenholz mit Blechbeschlägen, der Maschinenrahmen wurde aus Blech gefertigt. Auf die unvermeidlichen unterschiedlichen Wärmedehnungen wurde kaum Rücksicht genommen. Die Folge waren Verspannungen und Verbiegungen, Klemmen der Radsatzlager, Achsbrüche und anderes mehr. Erst in den vierziger Jahren vereinigte man beide Rahmenteile zu einem ganz aus Eisenblech gefertigten Rahmen und befestigte auch den Zughaken dort, wo er hingehört, nämlich am Rahmen. Die Fortleitung der Kolbenkräfte durch den Kessel entfiel damit.

Die ersten ganz aus Eisenblech gefertigten Lokomotivrahmen verwendete Borsig Mitte der vierziger Jahre. Die Bauart wurde bald von allen anderen Lokomotivherstellern übernommen. Krauss hatte die Idee, die Querverbindungen des Blechrahmens zu einem geschlossenen Behälter zu ergänzen, in dem er das Speisewasser seiner Tenderlokomotiven unterbrachte. Der Wasserkastenrahmen war erfunden und fand bald zahlreiche Nachahmer.

Der Barrenrahmen, der in unserem Jahrhundert große Verbreitung fand, war ebenfalls schon in der Gründerzeit des deutschen Lokomotivbaus bekannt, geriet dann aber wieder in Vergessenheit. Bei dem Bau von Vierzylinder-Verbundlokomotiven nach der Jahrhundertwende erinnerte man sich seiner wegen der guten Zugänglichkeit der Innentriebwerke bei der Schmierung und Wartung. Bis dahin beherrschte der Blechrahmen aus 25 bis 30 mm starken Eisenblechen das Feld.

Zu diesen wenigen Beispielen kam eine Fülle von Kleinarbeit, deren Ziel die Verbesserung der zahlreichen Bauteile der Lokomotive war. Es galt, die Betriebstüchtigkeit zu erhöhen, um die Laufzeit der Lokomotive zwischen zwei Ausbesserungen zu verlängern. Die Lebensdauer der Verschleißteile war zu erweitern, um dadurch die Unterhaltungskosten zu veringern. Schließlich waren auch die laufenden Wartungskosten zu senken, beispielsweise durch die Entwicklung geeigneter Schmiersysteme und Schmiermittel. Die älteren unter den Lesern erinnern sich sicher noch an den Lokomotivheizer, der auf den Stationen mit einer großen Ölkanne hantierte und die zahlreichen Schmierstellen und Schmiergefäße des Stangentriebwerkes und der Steuerung sowie die Achslager versorgte.

Schwierigkeiten der Information und Kommunikation und andere Widerstände

Man kann die Leistungen und die Kreativität der Lokomotivbauer des vorigen Jahrhunderts nicht genug bewundern. Sie haben nicht nur den Lokomotivbau in Deutschland vorangetrieben, viele ihrer Ideen wurden auch vom Ausland übernommen, wie an einigen Beispielen aufgezeigt werden konnte. Man muß dabei berücksichtigen, daß die Lokomotivingenieure der Gründerjahre weitgehend auf sich selbst angewiesen waren. Es gab keine Lehrbücher über die Dampflokomotive und keine Hochschulvorlesungen, wo sie sich hätten informieren können. Der Erfahrungsaustausch war dürftig, es fehlten die Kommunikationsmöglichkeiten und -mittel. Informationsreisen, etwa nach England oder gar nach den USA, waren keinesfalls problemlos, zumindest waren sie zeitraubend. Ein flächendeckendes Streckennetz der Eisenbahn war ja erst im Entstehen und unserem heutigen Netz in keiner Weise vergleichbar. So blieb in vielen Fällen zunächst nur die Postkutsche.

Zu diesen Erschwernissen kamen andere hinzu. Die Eisenbahn wurde in ihren Gründerjahren keinesfalls überall und von allen Teilen der Bevölkerung freudig begrüßt. Im Gegenteil, es gab viele, die sich mit allen Mitteln gegen das neue Verkehrsmittel sträubten. Religiöse Eiferer bezeichneten die Eisenbahn als „Teufelswerk". Das Bayerische Medizinalkollegium erklärte, die große Geschwindigkeit – damals 25 bis 40 km/h – würde den Insassen des Zuges Kopfschmerzen und Schwindel verursachen. Ärzte forderten, die Eisenbahnstrecke auf beiden Seiten mit Bretterwänden den Blicken der Zuschauer zu entziehen, deren Gesundheit durch den Anblick des vorüberfahrenden Eisenbahnzuges gefährdet sei, Pferde würden scheuen und anderes mehr. Bei der Planung der Leipzig-Dresdener Eisenbahn fragten ihre Gegner: „Wozu eigentlich? Was hat der Dresdener in Leipzig, der Leipziger in Dresden zu tun?" Ein Berliner Postmeister hielt die Eisenbahn Berlin–Potsdam, die damals gerade geplant wurde, für völlig unnötig, da die täglich einmal zwischen beiden Städten verkehrende Postkutsche niemals voll besetzt sei. In England, wo es ebenfalls viele Gegner der Eisenbahn gab, befürchtete ein Mitglied des Parlaments, daß der vorüberfahrende Zug die Kühe beim Grasen stören und die Hühner so erschrecken werde, daß sie keine Eier mehr legten.

Überheblichkeit, Besserwisserei und Unverstand machten auch den deutschen Lokomotivbauern oft das Leben schwer. Einer, der dies lange Jahre zu spüren bekam, war J. A. Maffei in München. Seine Fabrik lag an der Isar in der Hirschau im Englischen Garten. Sie hatte viele Jahre keinen Gleisanschluß zu dem damals einzigen

Abb. 51

Abb. 52

Münchner Bahnhof, der Endstation der München-Augsburger Eisenbahn. Anfänglich wurden deshalb die zunächst noch relativ kleinen Lokomotiven auf einem selbstgebauten Straßentransportwagen, gezogen von 24 Bräurössern, zum Bahnhof befördert. Später, bei den größeren Lokomotiven, verwendete Maffei ebenfalls selbstgebaute Straßenzugmaschinen mit Antrieb durch eine Dampfmaschine. Abb. 52 zeigt zwei dieser Zugmaschinen beim Lokomotivtransport durch die Münchner Maximilian-Straße.

51
Transport einer Maffei-Lokomotive
zum Münchner Bahnhof, um 1870

52
Transport einer schweren Maffei-
Lokomotive, um 1895

Natürlich wollte Maffei schon immer eine Gleisverbindung zum Bahnhof haben, sie wurde ihm aber immer wieder verweigert. Erst als um 1900 nach langem Widerstand des Obersthofmeisterstabes eine Ringbahn um den Norden von München gebaut war, genehmigte Prinzregent Luitpold 1901 den Bau eines Industriegleises vom Schwabinger Bahnhof durch den schmalsten Teil des Englischen Gartens. Bis dahin waren mehr als 2000 Maffei-Lokomotiven in der gezeigten Weise durch die Münchner Straßen gefahren worden.

Der deutsche Lokomotivbau
im 20. Jahrhundert

Es wurde bereits darauf hingewiesen, daß von den 42 deutschen Unternehmen, die sich im 19. Jahrhundert im Lokomotivbau versuchten, nur die Hälfte, nämlich 21, die Jahrhundertwende überlebte. Zu diesen 21 gesellten sich in unserem Jahrhundert weitere 18, wobei es sich vorwiegend um solche handelte, die sich nicht mehr mit der Dampflokomotive befaßten, sondern mit den neuen Traktionsarten, also dem elektrischen Antrieb der Lokomotive und ihrem Antrieb durch die Verbrennungskraftmaschine.

In den ersten Jahrzehnten des 20. Jahrhunderts dominierte noch eindeutig die Dampflokomotive. Die erste elektrische Lokomotive war zwar schon 1879 von Werner v. Siemens auf der Gewerbeausstellung in Berlin vorgeführt worden, und auch die AEG lieferte bereits 1889 ihre erste elektrische Lokomotive. Von einer Lokomotivfabrikation kann aber bei beiden Unternehmen zunächst nicht gesprochen werden. Das neue saubere Antriebskonzept schien anfänglich eher geeignet, die damalige Pferdebahn und die bereits existierende Dampfstraßenbahn zu ersetzen.

Auch die erste Lokomotive mit Antrieb durch Verbrennungskraftmaschine wurde noch im vergangenen Jahrhundert, 1892, von Deutz gebaut. Es handelte sich um ein noch recht leistungsschwaches Fahrzeug. Der Motor, ein Petroleum-Motor, leistete nur 6 PS (4,4 kW). Auch die Maschinenfabrik Esslingen baute im gleichen Jahr ihre erste Motorlokomotive mit Antrieb durch einen Vergaser-Motor. Der Dieselmotor, der später die Entwicklung der Motorlokomotive ganz entscheidend beeinflußt hat, war noch nicht erfunden. Für beide Antriebsarten, den elektrischen Lokomotivantrieb ebenso wie für den Antrieb durch Verbrennungsmotor, kann gesagt werden, daß die Entwicklung erst im ersten und zweiten Quartal unseres Jahrhunderts richtig einsetzte.

Abb. 53

Abb. 54

Abb. 55

Abb. 56

*53
Erste elektrische Lokomotive der
Welt, gebaut von Siemens 1879*

*54
Erste elektrische Lokomotive von der
AEG, 1889*

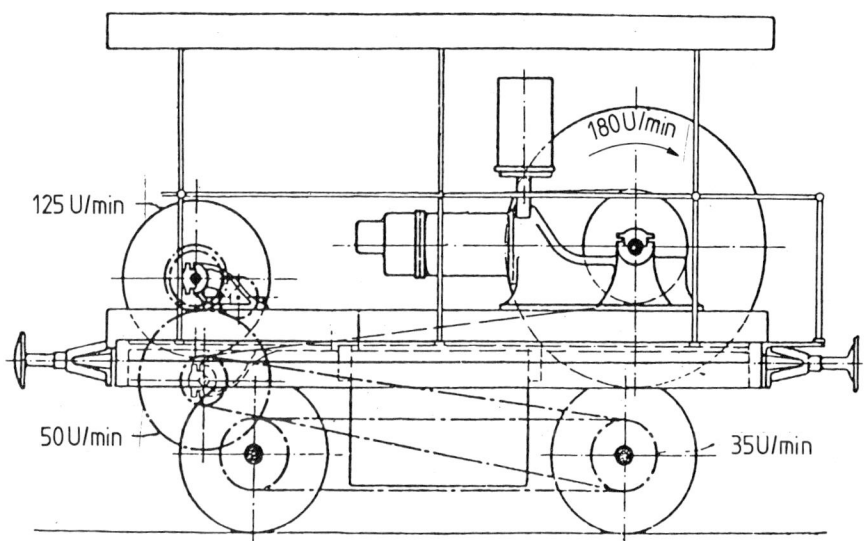

55
Erste Deutz-Motorlokomotive, 1892

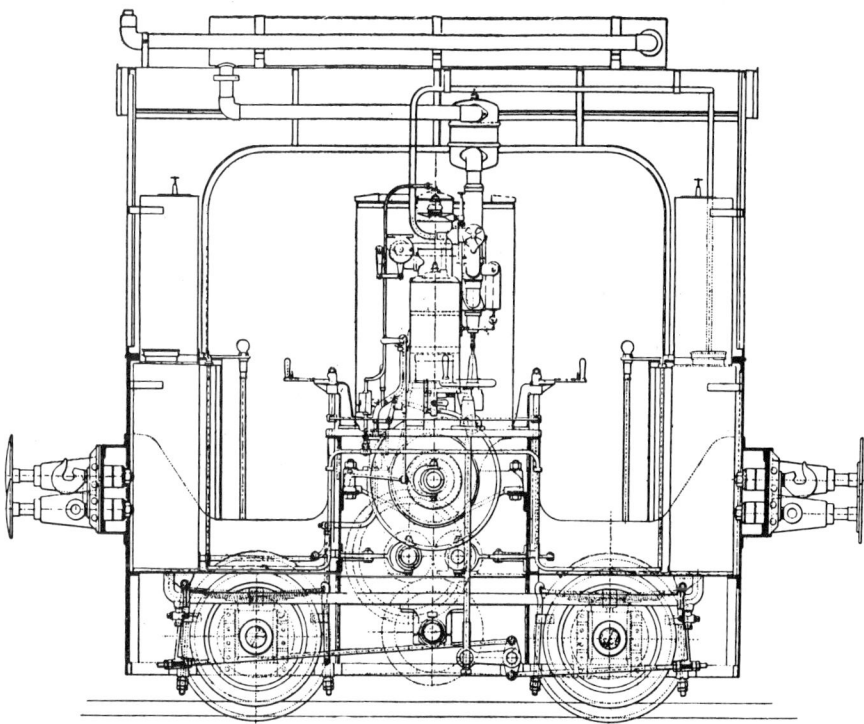

56
*Erste Motorlokomotive von
Esslingen, 1892*

Die deutschen Lokomotivhersteller des 20. Jahrhunderts

Abb. 57   In der Übersicht Abb. 57 sind zunächst die 21 Unternehmen aufgeführt, die bereits im vorigen Jahrhundert mit dem Bau von Dampflokomotiven begonnen hatten und dies auch in unserem Jahrhundert fortgesetzt haben. Eine größere Zahl dieser Unternehmen hat später, also in unserem Jahrhundert, auch Motor- und elektrische Lokomotiven gebaut, oder doch mindestens eine dieser beiden Lokomotivgattungen. In der Spalte „Bauart" findet sich ein entsprechender Hinweis, wobei „D" für Dampflokomotive, „E" für elektrische Lokomotive und „M" für Motorlokomotive steht.

1. Die *Elsässische Maschinenbaugesellschaft,* die heutige *SACM,* baute in ihrem Werk Grafenstaden seinerzeit ausschließlich Dampflokomotiven. Aufgrund der damaligen neuen Grenzziehung nach dem Ersten Weltkrieg kam das Unternehmen zu Frankreich, war aber von 1939 bis 1945 wieder in deutschem Besitz. Während der deutschen Besetzung in diesen Jahren war die Firma unter der Magdeburger Werkzeugmaschinenfabrik MWF in den Bau der Kriegsdampflokomotive Baureihe 52 einbezogen. Bis 1945 wurden etwa 8100 Dampflokomotiven gebaut.

2. *J. A. Maffei,* München, hatte zunächst wesentliche Beiträge zur Entwicklung der Dampflokomotive geleistet. Der Bau von elektrischen Lokomotiven wurde 1910 aufgenommen. Bis zur Fusion mit Krauss & Co. München, zur heutigen Krauss-Maffei AG im Jahre 1931 wurden etwa 5900 Dampf- und elektrische Lokomotiven geliefert.

3. Die *Maschinenbaugesellschaft Karlsruhe,* Karlsruhe, hat fast nur Dampflokomotiven gebaut. Es war nicht feststellbar, ob und wie viele Motor- und elektrische Lokomotiven gebaut wurden. Es kann sich aber nur um geringe Stückzahlen gehandelt haben. Nach Lieferung von etwa 2360 Lokomotiven mußte der Lokomotivbau als Folge der damaligen Weltwirtschaftskrise 1929 eingestellt werden.

4. *Borsig,* Berlin, war um die Jahrhundertwende zweifellos der größte deutsche Lokomotivhersteller und stieg im ersten Quartal dieses Jahrhunderts auch in den Bau elektrischer Lokomotiven ein. Die Firma gilt auch als Erbauer der ersten Großdiessellokomotive, auf die später noch eingegangen wird. Nach wirtschaftlichen Schwierigkeiten wurde Borsig Ende der zwanziger Jahre von der AEG übernommen, die ab 1930 ihren Lokomotivbau in ihrer seinerzeit bereits bestehenden Lokomotivfabrik in Hennigsdorf/Osthavelland konzentrierte und als „Borsig Lokomotivwerke GmbH" fortführte. Im Zweiten Weltkrieg erlitt das Werk umfangreiche Zerstörungen und kam 1945 im Rahmen der neuen Grenzziehung zur DDR. Die DDR hat dort inzwischen ihren Lokomotivbau zusammengefaßt. Hennigsdorf gehört

57 Deutsche Lokomotivhersteller im 20. Jahrhundert

Lfd. Nr.	Name	1. Lieferung	Lokomotiven		Bemerkung
			Anzahl	Bauart*)	
1	Elsässische Maschinenbau-Gesellschaft, Mühlhausen	1839	8 100	D	später Grafenstaden, SACM (französisch)
2	J. A. Maffei, München	1841	5 900	D, E	1931 Fusion mit Krauss, heute Krauss-Maffei
3	Maschinenbaugesellschaft Karlsruhe, Karlsruhe	1841	2 360	D	1929 eingestellt
4	August Borsig, Berlin	1841	16 000	D, E, M	ab 1930 AEG, seit 1945 DDR
5	Maschinenfabrik Esslingen, Esslingen	1846	6 000	D, E, M	1966 eingestellt
6	HANOMAG Hannoversche Maschinenbau AG, vorm. Egestorff, Hannover	1846	10 565	D, E, M	1930 eingestellt
7	Henschel-Werke GmbH, Kassel	1848	32 000	D, E, M	heute Thyssen-Henschel
8	Sächsische Maschinenfabr. vorm. Richard Hartmann, Chemnitz	1848	4 700	D	1929 eingestellt
9	Stettiner Maschinenbau AG Vulcan, Stettin-Bredow	1858	4 000	D	1928 eingestellt
10	Schichau, Elbing	1860	4 300	D	1945 Polen
11	Linke-Hofmann-Werke, Breslau	1861	2 000	D, E, M	1929 eingestellt, heute Linke-Hofmann-Busch, Salzgitter
12	Lokomotivfabrik Krauss u. Co., München u. Linz	1867	8 500	D, E	1931 Fusion mit Maffei, heute Krauss-Maffei
13	Berliner Maschinenbau AG vorm. L. Schwartzkopff, Berlin	1867	13 500	D, E, M	1945 DDR
14	Union-Gießerei, Königsberg	1868	2 840	D	1929 eingestellt
15	Maschinenbau-Gesellschaft, Heilbronn	1870	700	D	1924 eingestellt
16	R. Wolf AG, Magdeburg-Buckau, Abt. Lokomotivbau Hagans, Erfurt	1873	1 251	D	1928 eingestellt
17	Hohenzollern AG für Lokomotivbau, Düsseldorf	1875	4 700	D, M	1929 eingestellt
18	Arn. Jung Lokomotivfabrik GmbH, Jungenthal	1885	14 000	D, E, M	1981 eingestellt
19	Orenstein u. Koppel AG, Drewitz b. Potsdam	1893	30 000	D, M	1945 DDR, heute Orenstein u. Koppel, Dortmund, 1982 eingestellt
20	Maschinenbau-Anstalt Humboldt, Köln-Kalk	1897	1 830	D, E	1929 eingestellt
21	Stahlbahnwerke Freudenstein u. Co., Berlin	1898	240	D	1905 eingestellt
22	Siemens Aktiengesellschaft, München, Berlin, Erlangen	1879		E	nur noch elektrische Ausrüstungen[1])
23	AEG Allgemeine Elektrizitätsgesellschaft, Berlin	1889	6 100	E, D	Henningsdf. 1945 DDR, nur noch elektrische Ausrüstungen[2])
24	Klöckner-Humboldt-Deutz AG, Köln	1892	25 000	M	1969 eingestellt
25	DEMAG Aktiengesellschaft, Duisburg	1894		Druckluft	1957 eingestellt
26	Ardeltwerke GmbH, Eberswalde	1902		M	1945 DDR, eingestellt
27	Ruhrtaler Maschinenfabrik, Mülheim/Ruhr	1906	4 100	M	in den 70er Jahren eingestellt
28	Rheiner Maschinenfabrik Windhoff AG, Rheine	1910	800	M	1957 eingestellt
29	Fried. Krupp GmbH, Essen	1919	6 000	D, E, M	heute Krupp Industrietechnik
30	Rheinmetall, Düsseldorf	1919	1 000	D	1926 eingestellt
31	Breuer-Werke GmbH, Frankfurt	1920		M	1957 eingestellt
32	Brown, Boveri u. Cie. AG, Mannheim	1918	12	D	nur noch elektrische Ausrüstungen[3])
33	Gmeinder u. Co. GmbH, Mosbach/Baden	1921	5 000	M	heute Carl Kaelble u. Gmeinder GmbH & Co.
34	Feldbahn u. Lokomotivfabrik Smoschever u. Co., Breslau	1923		D	1945 Polen
35	DIEMA Diepholzer Maschinenfabrik Fritz Schöttler GmbH	1925	4 700	M	
36	SCHÖMA Christoph Schöttler Maschinenfabrik GmbH, Diepholz	1929	5 000	M	
37	Krauss-Maffei AG, München	1931	5 000	D, E, M	Fusion v. Maffei u. Krauss
38	Deutsche Werke Kiel AG, Kiel	1931	2 500	M	heute Krupp Mak Maschinenbau GmbH
39	DWM Deutsche Waffen- u. Munitionsfabriken, Posen	1940	800	D	1945 Polen (vorher Cegielski)

*) D = Dampflokomotiven, E = elektrische Lokomotiven, M = Motorlokomotiven
[1]) bis 1984 etwa 6100   [2]) bis 1984 etwa 2000   [3]) bis 1984 etwa 1000

zum Kombinat VEB Lokomotivbau – Elektrotechnische Werke „Hans Beimler". Bis zum Verlust von Hennigsdorf hat Borsig rund 16 000 Lokomotiven, Dampf-, Motor- und elektrische Lokomotiven, geliefert.

5. Die *Maschinenfabrik Esslingen,* Esslingen, nahm in unserem Jahrhundert zusätzlich zu den bis dahin gebauten Dampflokomotiven 1905 auch den Bau von elektrischen Lokomotiven und 1923 auch von Motorlokomotiven auf. Bei dem bereits erwähnten Erstling aus dem Jahre 1892 scheint es sich tatsächlich nur um ein Einzelstück und einen Versuch gehandelt zu haben. Als der Lokomotivbau 1966 nach mehrfachem Besitzwechsel eingestellt wurde, waren insgesamt etwa 6000 Lokomotiven gebaut worden.

6. Die *HANOMAG Hannoversche Maschinenbau AG, vorm. Egestorff,* Hannover, hat überwiegend Dampflokomotiven gebaut. Einzelne elektrische Lokomotiven wurden ab 1911, einzelne Diesellokomotiven um 1925 gebaut. In der Weltwirtschaftskrise mußte 1930 die Lokomotivproduktion eingestellt werden. Bis dahin hatte das Unternehmen stattliche 10 565 Lokomotiven hergestellt.

7. Die *Henschel Werke GmbH,* Kassel, heute *Thyssen-Henschel,* bauten 1906 ihre erste elektrische Lokomotive. 1910 wurde die erste Motorlokomotive geliefert. Der Schwerpunkt der Produktion lag aber, wie auch bei den anderen großen Lokomotivherstellern, bis etwa Mitte unseres Jahrhunderts weiterhin bei den Dampflokomotiven. Nach dem Zweiten Weltkrieg verlagerte sich die Fertigung immer mehr auf die Motor- und elektrischen Lokomotiven, eine Erscheinung, die auch bei den anderen, heute noch Lokomotiven produzierenden Unternehmen zu beobachten ist. Insgesamt wurden bisher mehr als 32 000 Lokomotiven gefertigt, womit Henschel zweifellos der größte deutsche Lokomotivhersteller ist.

8. Die *Sächsische Maschinenfabrik vorm. Richard Hartmann AG,* Chemnitz, hat bis zur Aufgabe des Lokomotivbaus in der Weltwirtschaftskrise 1929 nur Dampflokomotiven gebaut, insgesamt etwa 4700 Stück.

9. Auch die *Stettiner Maschinenbau AG Vulcan,* Stettin-Bredow, hat nur Dampflokomotiven gebaut. Als sie den Lokomotivbau 1928 in der Weltwirtschaftskrise aufgab, waren es rund 4000 produzierte Lokomotiven.

10. Auf den Bau von Dampflokomotiven beschränkte sich auch *Schichau,* Elbing. Zuletzt wurde während des Zweiten Weltkrieges die bekannte Kriegslokomotive Baureihe 52 geliefert. Das Ende des Zweiten Weltkrieges bedeutete für dieses Unternehmen das „Aus". Bis dahin waren etwa 4300 Lokomotiven gebaut worden.

11. Die *Linke-Hofmann-Werke*, Breslau, heute *Linke-Hofmann-Busch*, Salzgitter, bauten überwiegend Dampflokomotiven. Immerhin wurde in den zwanziger Jahren auch eine Anzahl elektrischer Lokomotiven gebaut und 1924 als Versuch auch eine kleine Diesellokomotive mit 120 PS (88 kW). Die Besonderheit dieses Versuches war das als Kraftübertragung verwendete hydrostatische Getriebe. Das Unternehmen ist mehr als Lieferant von Triebwagen und Waggons bekannt. Auf dem Lokomotivsektor, der 1929 in der Weltwirtschaftskrise aufgegeben wurde, sind mehr als 2000 Lieferungen zu verzeichnen.

12. Die *Lokomotivfabrik Krauss & Comp.*, München und Linz, stieg nach bemerkenswerten Erfolgen im Bau von Dampflokomotiven 1910 auch in den Bau elektrischer Lokomotiven ein. Bis zur Fusion mit J. A. Maffei zur heutigen Krauss-Maffei AG im Jahre 1931 hat Krauss & Comp. etwa 8500 Lokomotiven hergestellt.

13. Auch die *Berliner Maschinenbau AG, vorm. L. Schwartzkopff*, Berlin, beschränkte sich zunächst auf den Bau von Dampflokomotiven. Eine erste Diesellokomotive wurde als Versuch 1924 gebaut; auch hier sollte ein hydrostatisches Getriebe erprobt werden. Ebenfalls etwa 1924 wurde der Bau von elektrischen Lokomotiven aufgenommen. Die Lokomotivfabrik wurde während des Zweiten Weltkrieges weitgehend zerstört. Die Firma besteht noch in West-Berlin, stellt aber seit 1945 keine Lokomotiven mehr her. Bis 1945 wurden etwa 13 500 Lokomotiven, Dampf-, Motor- und elektrische Lokomotiven, produziert.

14. Die *Union-Gießerei*, Königsberg, lieferte bis zur Einstellung des Lokomotivbaus 1929, wiederum eine Folge der Weltwirtschaftskrise, insgesamt etwa 2840 Dampflokomotiven.

15. Die *Maschinenbau-Gesellschaft*, Heilbronn, soll bis 1907 etwa 500 Dampflokomotiven gebaut haben. Nach anderen Quellen wurde der Lokomotivbau 1924 eingestellt, nachdem etwa 700 Lokomotiven gefertigt waren.

16. Wiederum ein Opfer der Weltwirtschaftskrise Ende der zwanziger Jahre dieses Jahrhunderts wurde die *R. Wolf Aktiengesellschaft*, Magdeburg-Buckau, bzw. richtiger deren *Abteilung Lokomotivbau Hagans*, Erfurt. Als das Werk 1928 den Lokomotivbau einstellte, hatte man 1251 Lokomotiven, ausschließlich Dampflokomotiven, gebaut.

17. Auch die *Hohenzollern Aktiengesellschaft für Lokomotivbau*, Düsseldorf-Grafenberg, hat bis zur Aufgabe des Lokomotivbaus 1929 praktisch nur Dampflokomotiven hergestellt. Auch in diesem

Falle war wieder die Weltwirtschaftskrise die Ursache. 1926 wurde zusammen mit M.A.N. und Krupp eine leistungsstarke Diesellokomotive für die UdSSR gebaut, die später noch Erwähnung findet. Ob darüber hinaus noch weitere Motorlokomotiven gebaut wurden, war nicht feststellbar. Bis 1929 hat das Unternehmen nahezu 4700 Lokomotiven abgeliefert.

18. Die *Arn. Jung Lokomotivfabrik GmbH,* Jungenthal, nahm den Bau von Diesel- und elektrischen Lokomotiven erst in den fünfziger Jahren auf. Bis dahin waren nur Dampflokomotiven gefertigt worden. Die Lieferung von mehr als 14 000 Lokomotiven ist durch den hohen Anteil kleiner schmalspuriger Dampf- und Motorlokomotiven bedingt. 1981 hat das Unternehmen den Lokomotivbau eingestellt.

19. Auch bei der *Orenstein & Koppel AG,* Drewitz bei Potsdam, heute *O & K, Orenstein & Koppel Aktiengesellschaft,* Dortmund, ist die ungewöhnlich hohe Zahl von Lokomotivlieferungen, bis 1976 waren es etwa 30 000, durch den hohen Anteil kleiner schmalspuriger Dampf- und Diesellokomotiven begründet. Das Werk Drewitz fiel 1945 an die DDR, die dort zunächst den Lokomotivbau weiterbetrieb. Das Unternehmen firmierte als *VEB Lokomotivbau „Karl Marx".* 1969/70 wurde der Lokomotivbau in Drewitz eingestellt. Wie bereits erwähnt, konzentrierte die DDR ihren gesamten Lokomotivbau seinerzeit in Hennigsdorf. In Dortmund wurden nach dem Zweiten Weltkrieg noch Motorlokomotiven gebaut, 1982 wurde dieser Produktionszweig jedoch aufgegeben.

20. Die *Maschinenbau-Anstalt Humboldt,* Köln-Kalk, baute vorwiegend Dampflokomotiven. Nach 1920 wurden auch einige elektrische Lokomotiven an die Deutsche Reichsbahn geliefert. Nach insgesamt 1830 Lokomotiven gab das Unternehmen 1930, wiederum in der Weltwirtschaftskrise, den Lokomotivbau auf.

21. Die *Stahlbahnwerke Freudenstein & Co.,* Berlin, hatten erst 1898 den Bau schmalspuriger Dampflokomotiven aufgenommen, aber bereits sieben Jahre später, 1905, wurde das Unternehmen von Orenstein & Koppel übernommen. Bis dahin hatte man 240 Dampflokomotiven hergestellt.

Soweit die Firmen, die bereits im vorigen Jahrhundert den Lokomotivbau aufgenommen haben und nicht schon vor der Jahrhundertwende wieder ausgestiegen sind. Sie alle wurden bereits in dem Kapitel „Die Anfänge des Lokomotivbaus in Deutschland" genannt und kurz beschrieben. Nun zu den Unternehmen, die erst im 20. Jahrhundert mit dem Bau von Lokomotiven begannen.

Wenn für die zeitliche Einordnung die Lieferung der jeweils ersten Lokomotive gelten soll, gehören die nächsten vier genau genommen noch zu den vorerwähnten 21 Lokomotivherstellern. Es wurde schon darauf hingewiesen, daß die ersten elektrisch bzw. mittels Verbrennungsmotor angetriebenen Lokomotiven zwar bereits im vorigen Jahrhundert fertiggestellt wurden, aber die Entwicklung dieser beiden Lokomotivgattungen tatsächlich erst in unserem Jahrhundert anfing. Insofern dürfte es gerechtfertigt sein, als Grenze der beiden wichtigsten Entwicklungsabschnitte des deutschen Lokomotivbaus die Jahrhundertwende anzunehmen.

22. Der Begründer der heutigen *Siemens Aktiengesellschaft,* München/Berlin/Erlangen, Werner Siemens, entdeckte 1866 das „dynamoelektrische Prinzip", das die Grundlage für den Bau seiner ersten elektrischen Lokomotive – der ersten in der Welt – im Jahre 1879 wurde. Um die Jahrhundertwende, insbesondere aber Anfang unseres Jahrhunderts hat Siemens dann eine begrenzte Anzahl kompletter elektrischer Lokomotiven gebaut, ging aber bald zur Zusammenarbeit mit anderen Lokomotivherstellern über. Diese bauten den mechanischen Fahrzeugteil, während sich Siemens auf Entwicklung und Bau der elektrischen Ausrüstung konzentrierte. Auf dieser Basis wurden von Siemens bis heute etwa 6100 elektrische Lokomotivausrüstungen geliefert.

23. Die *AEG Allgemeine Elektricitäts-Gesellschaft,* Berlin, heute *AEG Aktiengesellschaft,* schuf, wie bereits erwähnt, ihre erste elektrische Lokomotive 1889. Es handelte sich um eine kleine Gleichstrom-Grubenlokomotive. Ab Anfang unseres Jahrhunderts nahm die Lokomotivproduktion rasch zu, wobei zunächst in Berlin gefertigt wurde, etwa ab 1914 in steigendem Maße in der neuen Lokomotivfabrik in Hennigsdorf. Hennigsdorf wurde nach 1930 – nach der Übernahme von Borsig – Sitz der AEG-Tochter „Borsig Lokomotivwerke GmbH", wo der gesamte Lokomotivbau der AEG konzentriert war. Vorteilhaft war für die AEG, daß sie als einziger deutscher Lokomotivhersteller den elektrischen und den mechanischen Fahrzeugteil ihrer Lokomotiven in eigenen Werkstätten herstellen konnte. Die AEG hat aber in den ersten 30 Jahren unseres Jahrhunderts auch Dampflokomotiven für die damalige Deutsche Reichsbahn gebaut. Mit dem Verlust des Werkes Hennigsdorf 1945 endete der Lokomotivbau der AEG, die etwa 6100 Lokomotiven, Dampf- und elektrische Lokomotiven, hergestellt hat. Seither beschränkt sich das Unternehmen auf elektrische Ausrüstungen für Motor- und elektrische Lokomotiven, von denen seit 1945 etwa 2000 geliefert wurden.

24. Die *Klöckner-Humboldt-Deutz AG,* Köln, hatte ihre erste Motorlokomotive, auch das wurde schon erwähnt, 1892 gebaut. Aus der Bauart ist zu schließen, daß es sich zunächst nur um einen Versuch handelte. In unserem Jahrhundert nahm der Motorlokomotivbau rasch zu. 1930 waren bereits 9500 Lokomotiven geliefert. Es handelte sich dabei vorwiegend um Triebfahrzeuge kleinerer Leistung bis 75 PS (55 kW), d. h. Kleinlokomotiven und schmalspurige Lokomotiven für den Feldbahn- und Grubenbetrieb. Später wurden auch Vollbahn-Lokomotiven mit Leistungen bis 1600 PS (1178 kW) gebaut. Gegenüber anderen Herstellern von Motorlokomotiven hatte KHD den Vorteil, daß auch die Antriebsmotoren selbst gefertigt wurden, während andere Lokomotivfabriken diese fast ausnahmslos einkaufen mußten. 1969 wurde der Lokomotivbau aus innerbetrieblichen Gründen eingestellt, nachdem das Unternehmen rund 25 000 Lokomotiven, ausschließlich Motorlokomotiven, produziert hatte.

25. Die *DEMAG Aktiengesellschaft,* Duisburg, hatte sich von Anfang an auf den Bau kleinerer Druckluftlokomotiven für den Grubenbetrieb spezialisiert. Ihre erste Druckluftlokomotive lieferte die DEMAG 1894. Über weitere Lieferungen und Produktionsziffern liegen keine Angaben vor. 1957 wurde der Lokomotivbau aufgegeben, da sich in den Gruben immer mehr die Bandförderung durchsetzte.

26. Bei der *Ardeltwerke GmbH,* Eberswalde, hat der Lokomotivbau nie eine entscheidende Rolle gespielt. Seit 1902 wurden ausschließlich Motorlokomotiven bis maximal 300 PS (221 kW) gebaut. 1945 fiel das Werk Eberswalde an die DDR, die aber dort keine Lokomotiven mehr produziert hat. Eine Neugründung der Ardeltwerke in der Bundesrepublik hat den Lokomotivbau nicht wieder aufgenommen.

27. Die *Ruhrtaler Maschinenfabrik,* Mülheim/Ruhr, lieferte ab 1906 kleinere Motorlokomotiven bis maximal 240 PS (176 kW) Leistung, später auch Grubenlokomotiven. In den siebziger Jahren lief die Produktion aus, sicher aus den gleichen Gründen, die auch andere Hersteller von schmalspurigen Feldbahn- und Grubenlokomotiven zwangen, diesen Produktionszweig aufzugeben. Das Unternehmen hat insgesamt etwa 4100 Lokomotiven gefertigt.

28. Auch die *Rheiner Maschinenfabrik Windhoff AG,* Rheine, spezialisierte sich auf Fahrzeuge für den Verschiebebetrieb. Der Bau von Motorlokomotiven wurde 1910 aufgenommen, 1921 wurde die erste Motorkleinlokomotive an die Deutsche Reichsbahn geliefert. 1957 zog sich das Unternehmen aus dem Lokomotivbau zurück. Bis dahin waren etwa 800 Motorlokomotiven gebaut worden.

29. Es wurde bereits erwähnt, daß die *Fried. Krupp GmbH,* Essen, heute *Krupp Industrietechnik,* schon im 19. Jahrhundert bedeutenden Anteil am deutschen Lokomotivbau hatte, damals als Zulieferer von Kolbenstangen, Achsen, Fahrzeugfedern, Radreifen und sonstigen Schmiedestücken sowie Stahlguß. Als Lokomotivhersteller ist das Unternehmen erst seit dem Ende des Ersten Weltkrieges, ab 1919 tätig. Zunächst wurden nur Dampflokomotiven gebaut. Um 1930 wurde die erste Motorlokomotive geliefert, in den dreißiger Jahren kamen auch elektrische Lokomotiven hinzu. Bis heute wurden knapp 6000 Lokomotiven produziert.

30. Auch *Rheinmetall,* Düsseldorf, stieg erst nach dem Ersten Weltkrieg um 1919/20 in den Lokomotivbau ein, nachdem die Firma schon vorher als Zulieferer für die Lokomotivindustrie tätig gewesen war. Aber schon 1926 wurde die Lokomotivfabrikation aus innerbetrieblichen Gründen wieder eingestellt. Bis dahin waren etwa 1000 Lokomotiven geliefert worden, ausschließlich Dampflokomotiven.

31. Die *Breuer-Werke GmbH,* Frankfurt-Höchst, wurden bekannt durch ihren Lokomotor, ein Verschiebefahrzeug für Industriebetriebe, das ab 1920 in größerer Stückzahl gebaut wurde. Zum Fertigungsprogramm gehörten auch Motorkleinlokomotiven. Produktionsziffern liegen nicht vor, der Lokomotivbau wurde 1957 eingestellt.

32. Die *Brown Boveri & Cie. AG,* Mannheim, hat sich als Elektrounternehmen auf die Entwicklung und Lieferung elektrischer Ausrüstungen für Motor- und elektrische Lokomotiven beschränkt und dabei mit verschiedenen Lokomotivherstellern zusammengearbeitet. BBC war aber auch kurzzeitig eine echte Lokomotivfabrik, als man zwischen 1918 und 1921 insgesamt 12 Lokomotiven der preußischen Gattung G 12 baute. Es handelte sich dabei um einen Beschäftigungsauftrag in der Krisenzeit nach dem Ersten Weltkrieg. Bis heute hat BBC für Lokomotiven, sowohl Motor- als auch elektrische Lokomotiven, etwa 1000 elektrische Ausrüstungen beigestellt. Die wesentlich umfangreicheren Lieferungen für Triebwagen, S- und U-Bahnwagen sind in dieser Zahl nicht enthalten.

33. Von der *Gmeinder & Co. GmbH,* Mosbach/Baden, heute Carl Kaelble u. Gmeinder GmbH, wurde die erste Motorlokomotive 1921 geliefert. Auch in der Folgezeit wurden ausschließlich Motorlokomotiven gebaut, hauptsächlich mit kleineren Leistungen für Industriebetriebe und Nebenbahnen. Bis heute hat das Unternehmen etwa 5000 Lokomotiven hergestellt.

34. Die *Feldbahn- und Lokomotivfabrik Smoschever & Co.* Breslau, fertigte ab 1923 kleinere Lokomotiven für Schmalspur- und Nebenbahnen, soweit feststellbar ausschließlich Dampflokomotiven. Die Anzahl ihrer Lieferungen soll nicht unbeträchtlich gewesen sein, es fehlen jedoch genaue Angaben. Mit dem Verlust von Breslau am Ende des Zweiten Weltkrieges war auch die Lokomotivproduktion beendet.

35. Auch die *DIEMA Diepholzer Maschinenfabrik Fritz Schöttler GmbH,* Diepholz, beschränkte sich auf kleinere Leistungen. Ab Mitte der zwanziger Jahre wurden Motorlokomotiven bis etwa 300 PS (221 kW) gebaut. Bis heute sind es etwa 4700 Lokomotiven.

36. Mit der *SCHÖMA Christoph Schöttler Maschinenfabrik GmbH,* Diepholz, machte der Inhaber seinem Bruder, dem Gründer der DIEMA, im Ort Konkurrenz. Ab 1929 wurden Motorlokomotiven vorwiegend kleinerer Leistung für Gruben- und Feldbahnen geliefert, später auch regelspurige Lokomotiven bis 600 PS (442 kW). Bis heute wurden fast 5000 Lokomotiven gebaut.

37. Die *Krauss-Maffei Aktiengesellschaft,* München, entstand 1931 durch Fusion der beiden alten Münchner Lokomotivfabriken J. A. Maffei und Krauss & Co. Das neue Unternehmen errichtete in Allach völlig neue Fertigungsstätten, da die alten Anlagen im Stadtgebiet von München schon längst zu eng geworden waren. Man konnte auf die Erfahrungen aus der Lieferung von rund 14 500 Lokomotiven der beiden Partner zurückgreifen und fertigte fortan Dampf-, Motor- und elektrische Lokomotiven. Seit 1931 wurden bisher mehr als 5000 Lokomotiven geliefert, vorwiegend Vollbahnlokomotiven mittlerer und hoher Leistung, womit sich die Gesamtzahl der Lieferungen auf knapp 20 000 erhöht.

38. Die *Deutsche Werke Kiel AG,* Kiel, heute *Krupp MaK Maschinenbau GmbH,* baute ihre erste Motorlokomotive 1931, möglicherweise auch schon 1925. Es werden nur Motorlokomotiven gefertigt, vorwiegend mittlerer und höherer Leistung, bis heute insgesamt mehr als 2500 Lokomotiven.

39. Die *DWM Deutsche Waffen- und Munitionsfabriken AG,* Werk Posen, zählten nur während des Zweiten Weltkrieges zu den deutschen Lokomotivherstellern, als das Posener Werk der polnischen Firma Cegielski übernommen wurde. Dort hatte man schon seit 1920 Dampflokomotiven gebaut. DWM stellte die Fertigung auf deutsche Güterzuglokomotiven um und lieferte 1940 bis 1945 die Baureihen 50 und 52, insgesamt etwa 800 Lokomotiven. 1945 wurde das Werk wieder polnisch.

Abb. 58

Die Grafik Abb. 58 zeigt noch einmal zusammengefaßt die Entwicklung der am deutschen Lokomotivbau des 20. Jahrhunderts beteiligten Unternehmen. Von den 21 Firmen, die schon vor der Jahrhundertwende den Lokomotivbau aufgenommen hatten, und den 18 Neulingen sind nur sieben übriggeblieben. Die Gründe für diese bedauerliche Entwicklung eines Industriezweiges, der sich schon

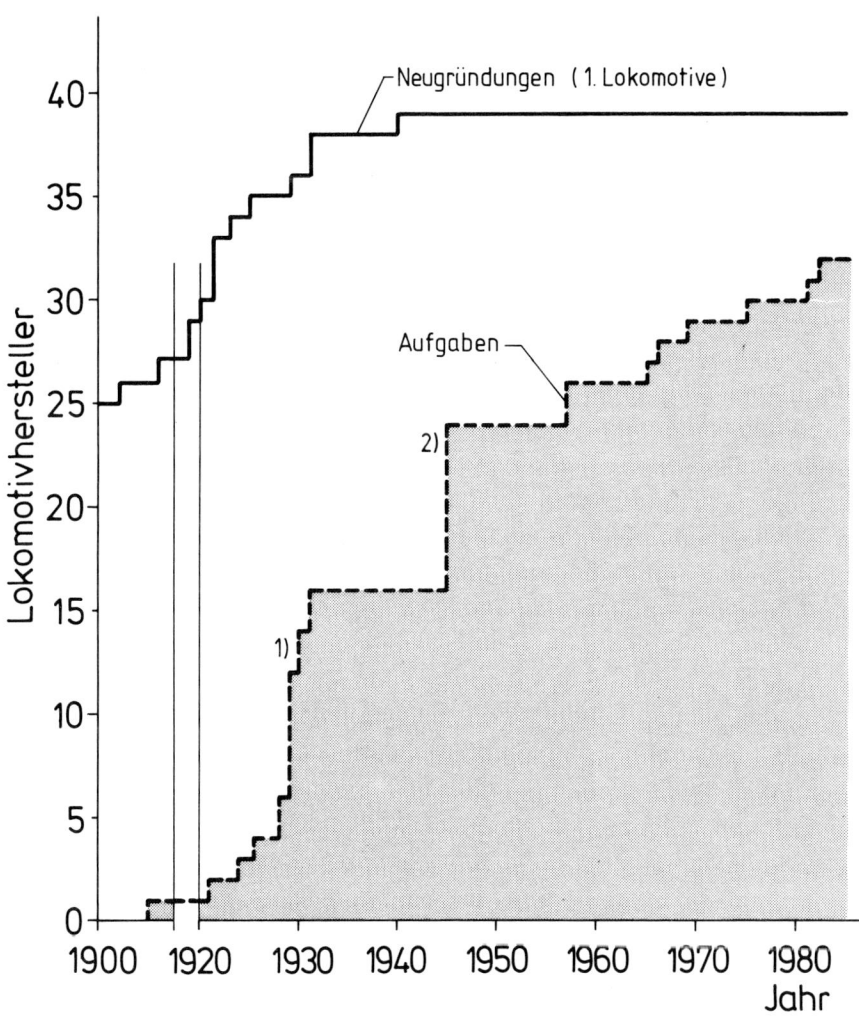

58
Die Entwicklung der Deutschen Lokomotivindustrie im 20. Jahrhundert

1) Aufgaben im Zuge der Weltwirtschaftskrise
2) Aufgaben/Verluste 1945 (2.Weltkrieg)

gegen Ende des 19. Jahrhunderts, insbesondere aber – von den Kriegsjahren abgesehen – in unserem Jahrhundert durch besonders hohe Exportanteile auszeichnete, und auch heute noch Weltruf genießt, sind vielfältig:

– Gegen Ende der zwanziger Jahre war es die Weltwirtschaftskrise mit ihren Folgen – verminderter Auftragseingang oder sogar gänzlicher Fortfall von Aufträgen –, die eine ganze Reihe von Unternehmen zur Aufgabe des Lokomotivbaus zwang.
– Mit dem Ende des Zweiten Weltkrieges 1945 gingen mehrere Lokomotivfabriken durch die neue Grenzziehung verloren.
– Auch für die Überlebenden wurden die Aufträge, insbesondere im Export, etwa ab den fünfziger Jahren immer spärlicher, weil eine Reihe der „klassischen" Exportländer anfing, selbst Lokomotiven zu bauen und diese auch zu exportieren, zum Beispiel Südafrika und Indien. Mit ihnen gingen andere Exportmärkte der betreffenden Region verloren.
– Bis in die dreißiger und vierziger Jahre wurden Erdbewegungen, zum Beispiel beim Autobahn- und Straßenbau oder beim Bau von neuen Eisenbahnstrecken, noch ausschließlich von Hand ausgeführt. Zum Transport der Erdmassen dienten Kipploren auf Feldbahngleisen. Dafür wurden in großer Zahl kleine, schmalspurige Dampf- und Motorlokomotiven eingesetzt. Mit dem Aufkommen der heutigen Erdbewegungsgeräte wurde der Bedarf an Feldbahnlokomotiven immer geringer. Die Leidtragenden waren diejenigen Hersteller, die sich mehr oder weniger auf solche Lokomotiven spezialisiert hatten.
– Die Lebensdauer moderner Lokomotiven ist dank ihrer ausgefeilten Technik heute 30 bis 40 Jahre und mehr. Der Verfasser hat in seinem Berufsleben selbst alte Lokomotiven erlebt, die 80 Jahre in Betrieb waren. Der Nachholbedarf der Lokomotivbetreiber schiebt sich immer weiter hinaus.
– Nach dem Zweiten Weltkrieg schließlich hat der Kraftwagen den Personen- und Güterverkehr immer mehr von der Schiene auf die Straße verlagert. Er hat damit entscheidend zur heutigen Situation der Eisenbahn beigetragen und damit auch zur Situation der Lokomotivindustrie.
– Im Lokomotivexport ist die deutsche Industrie schon lange kaum noch wettbewerbsfähig, da deutsche Unternehmen aufgrund hohen Lohnniveaus und der vielfältigen Sozialleistungen die Weltmarktpreise ständig überschreiten.

– Es gibt aber noch einen weiteren Punkt, der in der Vergangenheit die Situation der deutschen Lokomotivhersteller ganz entscheidend beeinflußt hat. Der Strukturwandel von der Dampf- zur elektrischen Traktion und zur Dieseltraktion hat insbesondere nach dem Zweiten Weltkrieg die Eigenproduktion, d. h. das anteilige Fertigungsvolumen der Hersteller an dem Endprodukt Lokomotive, ganz erheblich vermindert. Bei der Dampflokomotive hat der Hersteller fast die ganze Lokomotive selbst gebaut. Als Zulieferteile wurden die Druckluftbremse, einige Armaturen und die Beleuchtung eingekauft. Der Fertigungsanteil der Lokomotivfabrik war dabei 90 bis 95% und mehr. Bei der elektrischen Lokomotive wird die gesamte elektrische Ausrüstung bei Spezialisten gekauft, bei der Motorlokomotive sind es der Dieselmotor und zumindest Teile der Kraftübertragung, die Kühlanlage, ebenfalls die Druckluftbremse und anderes mehr. Der Anteil der Eigenfertigung der Lokomotivfabrik geht dabei auf die Hälfte und weniger, in extremen Fällen sogar auf ein Drittel zurück.

Es wird später noch ein in den letzten Jahren immer mehr von den ausländischen Lokomotivbestellern praktiziertes Vorgehen bei der Auftragsvergabe angesprochen werden, das sich ebenfalls zum Nachteil der deutschen Lokomotivindustrie auswirkt.

Die Weiterentwicklung der Dampflokomotive

Die Dampflokomotive hatte um die Jahrhundertwende bereits eine beachtliche technische Reife erlangt. Ihre Weiterentwicklung ist gekennzeichnet durch das Bemühen, ihre Leistungsfähigkeit weiter zu erhöhen. Dazu gehören nicht nur Zugkraft und Geschwindigkeit, dazu gehört insbesondere auch die Wirtschaftlichkeit. Zur Wirtschaftlichkeit gehören nicht nur ein guter thermischer Wirkungsgrad, also die bestmögliche Ausnutzung der im Brennstoff enthaltenen Energie, sondern ebenso ein möglichst wartungsfreier oder zumindest wartungsarmer Betrieb, eine hohe Laufleistung zwischen zwei Ausbesserungen und lange Lebensdauer der Verschleißteile.

In der Beschreibung der Entwicklung der Dampflokomotive im 19. Jahrhundert wurde bereits aufgezeigt, welche hervorragenden Ergebnisse die deutschen Lokomotivingenieure bei der Verbesserung des thermischen Wirkungsgrades erzielt haben. Mit Hilfe der Expansionssteuerung, der Erhöhung des Kesseldruckes, der Unterteilung des Druckgefälles (Verbund-Lokomotive), der Dampfüberhitzung und der Speisewasservorwärmung war es ihnen gelungen, bis zur Jahrhundertwende den Kohleverbrauch gegenüber 1835 auf ein Fünftel und den Dampfverbrauch auf rund ein Viertel zu senken.

Im 20. Jahrhundert wurde auf den genannten Gebieten weitergearbeitet, allerdings nicht mehr mit so augenfälligem Erfolg. Die Lokomotivingenieure des 19. Jahrhunderts hatten das Mögliche schon weitgehend vorweggenommen. Immerhin gelang es, durch bessere Kesselisolierung und weitere Maßnahmen zur Verminderung der Wärmeverluste, durch nochmalige Steigerung des Kesseldruckes und weitere Erhöhung der Überhitzung, den Kohleverbrauch noch auf 0,7 kg/PS_ih und den Dampfverbrauch auf etwa 5 kg/PS_ih zu senken. Abb. 50 zeigt auch diese Entwicklung von der Jahrhundertwende bis in die dreißiger Jahre.

Es fehlte in unserem Jahrhundert nicht an Versuchen, den thermischen Wirkungsgrad noch weiter anzuheben, denn auch so betrug er bestenfalls 12%. Nur 12% des Energieinhaltes der auf dem Rost verfeuerten Kohle wurden in Leistung am Zughaken der Dampflokomotiven umgesetzt. Dabei gilt dieser Bestwert nur für Schnellzuglokomotiven, die lange Strecken ohne Halt zurücklegen. Bei häufigerem Halten und Anfahren – Anfahren ist ja immer nur mit großer Füllung und entsprechend hohem Dampfverbrauch möglich – sank der thermische Wirkungsgrad auf etwa 8%. Geradezu katastrophal war der thermische Wirkungsgrad der Rangierlokomotive mit ihrem ständigen Anhalten und Anfahren, beispielsweise im Abstoßbetrieb. Er lag in der Größenordnung von nur 4%, sogar noch darunter.

Abb. 59

Abb. 60

Die Versuche, durch Erhöhung des Kesseldrucks weiterzukommen, führten zu den Hoch- und Höchstdruck-Lokomotiven mit 60 bzw. 120 atü Kesseldruck. Die erste Lokomotive mit 60 atü Kesseldruck baute 1925 Henschel. Sie entstand durch Umbau einer preußischen S 10^2. Noch weiter ging Schwartzkopff 1930 mit seiner Schwartzkopff-Löffler-Höchstdrucklokomotive für 120 atü. Im Zuge der umfangreichen und mehrjährigen Versuche wurde tatsächlich eine bemerkenswerte Kohleersparnis erzielt, bei der Schwartzkopff-Löffler-Lokomotive bis zu 30%, bei der Henschel-Lokomotive um 20%. Trotzdem wurde dieser Weg schließlich nicht weiterverfolgt, da die Betriebssicherheit dieser Erstlinge nicht befriedigte. Die Unterhaltungs- und Reparaturkosten überstiegen die Ersparnisse aus dem geringeren Kohleverbrauch nicht unerheblich. Unter anderem gab es laufend Probleme mit den Hochdruckdichtungen, damals eine Werk-

59
Henschel-Hochdruck-Lokomotive,
60 atü, 1925

60
Schwartzkopff-Löffler-Höchstdruck-
Lokomotive, 120 atü, 1930

79

stoffrage, die heute sicherlich gelöst werden könnte. Auch Probleme mit der Hochdruckschmierung und den damals verfügbaren Schmierstoffen führten immer wieder zu Ausfällen. Man blieb schließlich bei maximal 25 atü Kesseldruck, nachdem dieser schon vorher stufenweise von 12 atü Ende des 19. Jahrhunderts auf 16 und 20 atü erhöht worden war.

Der Erhöhung des thermischen Wirkungsgrades sollte auch der Ersatz der Kolbendampfmaschine durch eine Dampfturbine dienen. Vorteilhaft erschien die damit erreichbare Erweiterung des Druckgefälles nach unten in Verbindung mit der Kondensation des Abdampfes. Auch hier war der volle Erfolg, wie bei Neuentwicklungen und Erstausführungen kaum zu vermeiden, nicht gleich greifbar, weshalb dieser Weg schließlich ebenfalls nicht weiterverfolgt wurde. 1924

61
2'C1'-Turbinen-Lokomotive von Krupp, 1924

62
2'C1'-Turbinen-Lokomotive von Maffei, 1926

Abb. 61 zeigte Krupp auf der Eisenbahn-Ausstellung in Seddin eine 2'C1'-Turbinenlokomotive mit Kühltender. Der Antrieb erfolgte von der Dampfturbine über ein Untersetzungsgetriebe auf die Blindwelle und weiter mit Stangen auf die Treibachsen. Auch Maffei lieferte 1926 an die

Abb. 62 damalige Deutsche Reichsbahn eine 2'C1'-Turbinenlokomotive ähnlicher Bauart. Unter anderem gab es Schwierigkeiten mit dem Untersetzungsgetriebe, das unumgänglich war, um die hohe Turbinendrehzahl, 8000 U/min bei Höchstgeschwindigkeit, auf die relativ niedrige Drehzahl der Treibachsen herabzusetzen. Wälzlager- und Verzahnungstechnik hatten damals noch keineswegs den heute erreichten hohen Stand. Ausfälle und Reparaturen führten zum Abbruch der Versuche, obgleich auch in diesem Falle eine Verbesserung des thermischen Wirkungsgrades erreicht worden war. Die konventionelle Dampflokomotive hatte damals ein hohes Maß an Betriebstüchtigkeit erreicht. Die Deutsche Reichsbahn und auch ausländische Bahnverwaltungen zögerten, mit neuartigen Bauarten irgendwelche Risiken einzugehen.

Abb. 63 Ebenfalls nur ein Versuch blieb die von Henschel Ende der dreißiger Jahre gebaute Lokomotive, bei der jede der vier angetriebenen

Abb. 64 Achsen durch einen Zweizylinder-V-Dampfmotor angetrieben wurde. Bei diesem Antrieb waren die von den hin- und hergehenden Triebwerksteilen herrührenden freien Massenkräfte wesentlich geringer als beim herkömmlichen Stangentriebwerk. Die Lokomotive zeigte deshalb bis zu ihrer Höchstgeschwindigkeit von 180 km/h eine bemerkenswerte Laufruhe, und das trotz des relativ kleinen Raddurchmessers von 1250 mm. Die 1941 in Betrieb genommene Lokomotive war bis 1944 im Schnellzugdienst der Deutschen Reichsbahn eingesetzt, wurde aber dann durch Kriegseinwirkung beschädigt. Sie wurde 1945 auf Verlangen der Amerikaner instandgesetzt und nach USA verschifft, dann aber dort im Zuge des Strukturwandels von der Dampf- zur Dieseltraktion verschrottet.

Schließlich müssen hier auch die Versuche mit unkonventionellen Kesselbauarten zumindest erwähnt werden. Sie sollten vornehmlich höhere Verdampfungsziffern ermöglichen und damit zur Steigerung der Leistungsfähigkeit der Dampflokomotive beitragen. Keine der verschiedenen Kesselbauarten hat jedoch größere Verbreitung gefunden, weshalb hier nicht näher darauf eingegangen wird.

Es gab noch andere Versuche, die Wirtschaftlichkeit der Dampflokomotive zu erhöhen. Zu diesen gehört insbesondere die

Abb. 65 Kohlenstaub-Lokomotive, welche die Verwendung eines minderwertigen, sonst kaum genutzten Brennstoffes ermöglichen sollte. Die Fir-

63
Henschel-Dampfmotor-Lokomotive,
1941

64
Dampfmotor-Antrieb

82

65
STUG-Kohlenstaub-Lokomotive von
1928

men Borsig, HANOMAG, Henschel, Krupp und Schwartzkopff gründeten eine Studiengesellschaft (STUG), die zunächst umfangreiche Versuche an einer stationären Kesselanlage durchführte. 1928 lieferte die STUG ihre erste Kohlenstaub-Lokomotive, eine umgebaute G 12, an die Deutsche Reichsbahn. Ihr folgten noch mehrere verbesserte Ausführungen, durchweg Umbauten vorhandener Reichbahn-Lokomotiven. Der Umbau erstreckte sich jeweils auf die Feuerbüchse, den Einbau des „Brausebrenners", der das Staub-Luft-Gemisch beim Einblasen in den Feuerraum möglichst fein verteilen mußte, und den Tender mit Gebläse und Transportschnecke für den Kohlenstaub. Trotz durchaus brauchbarer Ergebnisse im mehrjährigen Betriebseinsatz der Lokomotiven bei der DR wurde in den dreißiger Jahren auf die Weiterverfolgung dieser Entwicklung verzichtet. Heute würden sicherlich die Umweltschützer energisch gegen diese Lokomotiven protestieren. Sie zeichneten sich durch braun-schwarze Rauchwolken aus dem Schornstein aus, da es bei Lastwechsel und bestimmten Betriebszuständen nicht immer gelang, den Kohlenstaub restlos zu verbrennen.

Abb. 66

Dafür wurden Entwicklungen durchgeführt, mit denen die Dampflokomotive den speziellen Anforderungen einzelner Exportländer angepaßt wurde. Hier sind insbesondere die Lokomotiven mit Kondensationstender zu nennen, die für wasserarme Strecken und Wüsten bestimmt waren. Der Abdampf der Kolbendampfmaschine wurde im Tender heruntergekühlt und kondensiert, wodurch die Lokomotive längere Strecken ohne Wasserfassen zurücklegen konnte. Mit seiner immer noch hohen Temperatur ergab der kondensierte Abdampf gleichzeitig eine wirksame Speisewasservorwärmung.

66
*Dampflokomotive mit Konden-
sationstender von Henschel, 1953*

Auch die Anpassung von Feuerraum und Tender an die Holz-
feuerung oder die Verwendung minderwertiger Kohle für Exportloko-
motiven muß in diesem Zusammenhang genannt werden. Die Ölfeuerung schließlich hatte erhebliche betriebliche Vorzüge, insbesondere auch für Länder mit eigenen Ölvorkommen.

Daneben liefen umfangreiche Maßnahmen und zahlreiche
Detailentwicklungen zur Erhöhung der Betriebssicherheit, die Entwicklung geeigneter oder neuer Werkstoffe und Schmiermittel, die
Einführung der Schweißung anstelle der bis dahin üblichen Nietung
bei Kesseln und Rahmen, die geschweißte Stahlfeuerbüchse, der
Übergang vom Barrenrahmen zum geschweißten Blechrahmen, die
Einführung der Wälzlagerung für Achs- und Triebwerkslager und vieles andere. Es würde den Rahmen dieser Darstellung sprengen, auf
alle diese Einzelheiten einzugehen.

Anhand von einigen Beispielen herausragender Konstruktionen soll die Weiterentwicklung der Dampflokomotive in unserem
Jahrhundert in der Zeit bis zum Zweiten Weltkrieg aufgezeigt werden:

Abb. 67 — Die berühmte bayerische Schnellzug-Lokomotive S 3/6 von Maffei
aus dem Jahre 1908. Eine ähnliche Lokomotive, die S 2/6 von Maffei aus dem Jahre 1906, war schon damals in der Lage, einen 150 t
schweren D-Zug mit 155 km/h zu befördern.

Abb. 68 — Die bayerische Gt 2 × 4/4, die spätere Baureihe 96, aus dem Jahre
1913, ebenfalls von Maffei, war mit acht angetriebenen Achsen die
stärkste Tenderlokomotive der Welt.

67
*Bayerische 2'C1' h4v-Schnellzug-
lokomotive S 3/6 von Maffei, 1908*

68
*Bayerische D'D h4v-Güterzugloko-
motive Gt 2 × 4/4 Bauart Mallet, von
Maffei, 1913*

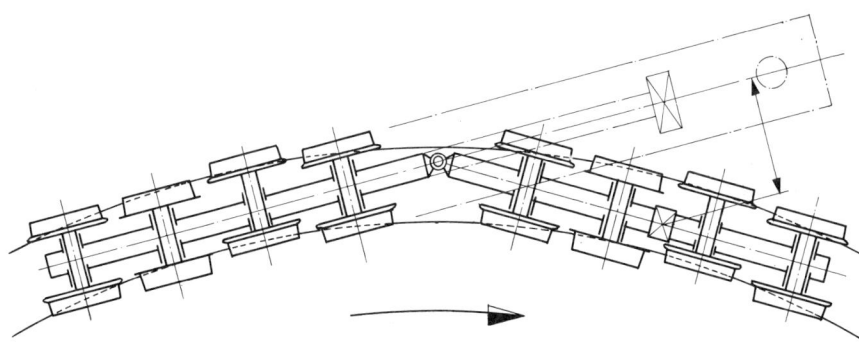

69
Die Gt 2 × 4/4 im Gleisbogen

Abb. 69 — Abb. 69 veranschaulicht, wie solch eine lange Starrahmen Lokomotive durch den Gleisbogen gebracht wurde. Das vordere Triebgestell schwenkt unter dem Rahmen aus. Dabei muß die Dampfzu-
führung zu den beiden vorderen Zylindern natürlich ausreichend
flexibel sein.

Abb. 70 — Aus der Mitte der dreißiger Jahre stammt die von Schwartzkopff gebaute 1'E 1'-Tenderlokomotive Baureihe 84. Sie gehört mit fünf angetriebenen Achsen in einem starren Rahmen zu den leistungsfähigsten Lokomotiven dieser Bauart und wurde nur noch von der berühmten württembergischen 1'F, also mit sechs angetriebenen Achsen in einem Rahmen, übertroffen.

Abb. 71 Für das Durchfahren von Gleisbögen mit 85 m Radius wird die Lokomotive in beiden Fahrtrichtungen durch ein Schwartzkopff-Eckhardt-Gestell geführt, das jeweils die Laufachse und die beiden folgenden Treibachsen zusammenfaßt. Die im Gleisbogen ausge-

70
Lokomotive Baureihe 84 der
Deutschen Reichsbahn, gebaut von
Schwartzkopff, 1938

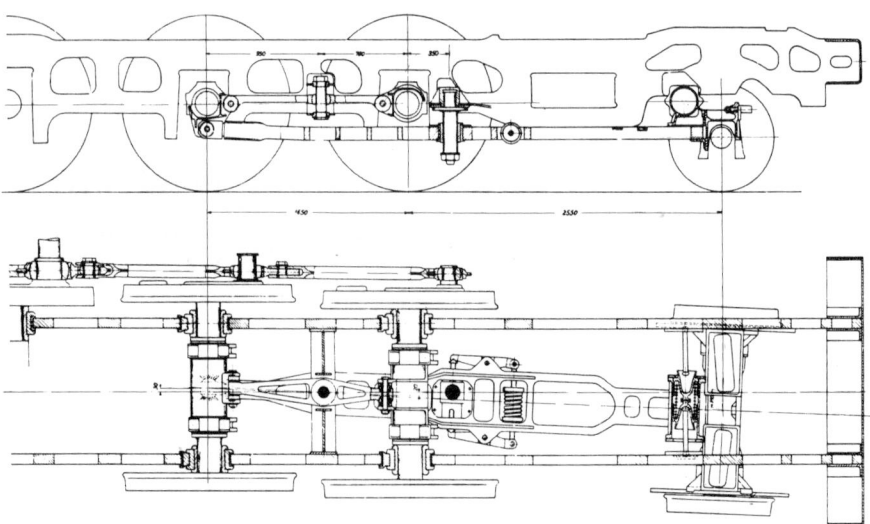

71
Schwartzkopff-Eckhardt-Gestell der
Baureihe 84

lenkte Laufachse verschiebt mittels einer Deichsel die zweite bzw. vierte angetriebene Achse, die ihrerseits die erste bzw. fünfte angetriebene Achse über einen Lenkhebel steuert. Im Gleisbogen verteilen sich also die Führungskräfte immer auf drei Achsen. Lediglich die dritte mittlere angetriebene Achse ist fest im Rahmen gelagert und für das Durchfahren von 85-m-Bögen ohne Spurkranz ausgeführt.

Abb. 72

– Für die Meterspur-Strecken Brasiliens lieferte Henschel 1937 die (1'D) D 2'-Lokomotive der Mallet-Bauart. Bei Kurvenfahrt schwenkt das vordere fünfachsige Triebgestell unter dem langen Rahmen aus, ähnlich wie in Abb. 69 dargestellt.

Abb. 73

– Die wohl berühmteste deutsche Dampflokomotive unseres Jahrhunderts ist die Schnellzug-Lokomotive Baureihe 05, gebaut von Borsig 1934. Mit einer Lokomotive dieses Typs wurde seinerzeit eine Höchstgeschwindigkeit von mehr als 200 km/h erreicht.

72
(1'D)'D2'-Mallet-Lokomotive für Brasilien, von Henschel, 1937

73
2'C2' h3-Schnellzuglokomotive Baureihe 05 der Deutschen Reichsbahn (DR), gebaut von Borsig 1934

Augenzeugen berichteten von der Rekordfahrt, daß dabei zwei Heizer um die Wette Kohle in das Feuerloch schaufelten und daß die Feuerlochtür überhaupt nicht mehr geschlossen wurde. Wegen der hohen Geschwindigkeit betrug der Durchmesser der Treibräder mit Rücksicht auf die unausgeglichenen Triebwerksmassen 2,30 m.

Abb. 74 – Es gab sogar eine noch leistungsfähigere Schnellzuglokomotive, allerdings nicht für so extrem hohe Geschwindigkeiten, die Baureihe 06 von Krupp aus dem Jahre 1939. Weiterbau und Erprobung dieser Lokomotive fielen dann allerdings den Kriegsereignissen zum Opfer.

74
Schnellzuglokomotive Baureihe 06
der Deutschen Reichsbahn (DR),
gebaut von Krupp, 1939

75
Kriegsdampflokomotive Baureihe 52

Soweit die Beispiele aus den Jahren vor dem Zweiten Weltkrieg. Die Dampflokomotiventwicklung der Jahre 1939 bis 1945 ist geprägt durch die bekannte Kriegsdampflokomotive Baureihe 52, auf die näher eingegangen werden soll. Sie nimmt zweifellos in der deutschen Dampflokomotiventwicklung eine Sonderstellung ein. Wann und wo wurde jemals der Lokomotivindustrie eines Landes ein Auftrag auf Lieferung von 15000 Lokomotiven in einem einzigen Vertrag erteilt! Dabei wurde auch noch eine monatliche Lieferquote von 500, möglichst sogar 600 Lokomotiven gefordert.

Abb. 75

Die Kriegsdampflokomotive Baureihe 52 ist ihrer Konzeption nach eine dem damaligen technischen Stand entsprechende konventionelle Dampflokomotive. Ihre Besonderheit ist die unter dem Stichwort „Entfeinerung" durchgeführte radikale Vereinfachung von Bauteilen und Baugruppen, deren Anpassung an die Erfordernisse einer Großserienfertigung, die Verwendung von Ersatzwerkstoffen und die Anwendung von im Lokomotivbau bis dahin unbekannten Fertigungsverfahren. Dadurch konnten Produktionsziffern erreicht werden, wie es sie bis dahin im Lokomotivbau nie gegeben hatte. Funktions- und Betriebstüchtigkeit waren mehr gefragt als Wirtschaftlichkeit und lange Lebensdauer. Die Lokomotiven sollten, um im Jargon dieser Jahre zu sprechen, nur „bis zum Endsieg" halten.

Nachdem schon vorher die Produktion bestimmter Einheitslokomotiven gesteigert worden war, lieferten ab 1941 insgesamt elf deutsche Lokomotivfabriken (Wien und Posen waren inzwischen dazugekommen), verstärkt durch vier weitere in den besetzten Gebieten (darunter Grafenstaden) mit Zulieferungen aus sieben belgischen, zwölf französischen, vier holländischen und zwei österreichischen Unternehmen, und mit je einem Zulieferwerk aus Dänemark, Ungarn und Jugoslawien folgende Stückzahlen:

1941	1393
1942	2637
1943	5263
1944	3495
1945 (nur Januar und Februar)	87
zusammen	12875 Lokomotiven

Der Anteil der Baureihe 52 und ihrer Vorgängerin Baureihe 50 betrug dabei 8767 Lokomotiven. Mitte 1943 wurde die höchste monatliche Ausbringung mit 535 Lokomotiven erreicht. Einzelne Unternehmen brachten es dabei zeitweilig auf mehr als zwei Lokomotiven pro

Tag. Dabei mußten die Firmen in monatlich steigender Zahl die durch Kriegseinwirkung beschädigten Lokomotiven wieder einsatzfähig machen. Ab Ende 1943 und insbesondere in den Jahren 1944/45 ging es dann immer schneller abwärts als Folge zunehmender Zerstörungen durch Luftangriffe bis hin zum zeitweiligen oder sogar völligen Ausfall einzelner Produktionsstätten.

Nach dem Ende des Zweiten Weltkrieges war die deutsche Lokomotivindustrie, soweit sie überhaupt überlebt hatte, zunächst mit der Beseitigung von Kriegsschäden und der Reparatur von Schadlokomotiven beschäftigt. Ende der vierziger Jahre ging es dann wieder langsam aufwärts. Wesentlich dazu beigetragen haben die damaligen umfangreichen Dampflokomotiv-Aufträge aus Indien, zusammen 600 Lokomotiven, in deren Bau sich die Firmen Henschel, Krauss-Maffei und Krupp teilten. Es handelte sich dabei allerdings nicht um eine deutsche Konstruktion, sondern um einen Nachbau nach englischen Zeichnungen. Auch nach Auslauf der Serie wurden noch längere Zeit schwierigere Bauteile und Baugruppen als Zulieferungen für den Eigenbau der Inder aus Deutschland bezogen.

Auch aus der Zeit nach dem Zweiten Weltkrieg einige Beispiele bemerkenswerter deutscher Konstruktionen:

Abb. 76   – Eine von Krupp gebaute 1'D 1'-Lokomotive, Spurweite 1067 mm, für Indonesien aus den Jahren 1951/53. Es handelte sich um einen Auftrag über 100 Lokomotiven, also genau das, was die deutsche Lokomotivindustrie damals brauchte.

Abb. 77   – Die Beyer-Garratt-Lokomotive von Henschel mit der Achsanordnung 2'D1' + 1'D2' hat zusammen 14 Achsen, 8 davon angetrieben. Lokomotiven dieser und ähnlicher Bauart wurden ab 1952 nach Brasilien, Südafrika und anderen Ländern exportiert, die Spurweite war 1000 bzw. 1067 mm.

Abb. 78   – Wohl die letzte Dampflokomotiventwicklung für die Deutsche Bundesbahn war die 1957 von Krupp gebaute 2'C1'-Schnellzug-Lokomotive Baureihe 10. Sie hatte Ölfeuerung, alle Achs- und Stangenlager waren mit Wälzlagern ausgerüstet.

Es ist allgemein bekannt, daß sich die Dampflokomotive seit Jahren auf dem Rückzug befindet. Auch die Deutsche Bundesbahn hat bereits vor Jahren ihre letzten Dampflokomotiven ausgemustert. Das schließt nicht aus, daß noch einige bei Industrie- und Nebenbahnen in Betrieb sind. Neubauten gibt es nicht mehr. Die deutschen Lokomotivhersteller wären dazu auch kaum noch in der Lage, da sie die notwendigen Einrichtungen, insbesondere ihre Kesselschmieden, längst demontiert haben, um Platz für andere Produkte zu schaffen.

76
1'D1'-Dampflokomotive für Indonesien, gebaut von Krupp 1951/53

77
2'D1' + 1'D2'-Beyer-Garratt-Gelenk-
lokomotive von Henschel, 1952

78
Baureihe 10 der Deutschen Bundesbahn (DB), gebaut von Krupp 1957

Der Strukturwandel von der Dampflokomotive zur Motor- und elektrischen Lokomotive

Bevor in den beiden folgenden Kapiteln auf die Entwicklung der Motor- und elektrischen Lokomotiven eingegangen wird, hier noch ein paar Worte zum Strukturwandel im Eisenbahnbetrieb, d. h. zum Übergang von der Dampflokomotivtraktion zur Traktion mit Motor- und elektrischen Lokomotiven. Warum kam es überhaupt zu diesem Strukturwandel?

Die Dampflokomotive hatte im Laufe einer mehr als 100jährigen Entwicklung ein hohes Maß an Betriebstüchtigkeit erlangt. Dennoch haben die Lokomotivingenieure schon seit der Jahrhundertwende nach Möglichkeiten einer grundlegenden Verbesserung ihrer Wirtschaftlichkeit gesucht. Ein thermischer Wirkungsgrad zwischen 4 und 12 % ist ja auch alles andere als befriedigend. Dazu kommen die anderen bekannten Nachteile der Dampflokomotive, das Anheizen, das Ausschlacken, das umständliche Wasser- und Kohlefassen, die Kesselvorschriften, das Fehlen einer ständigen Betriebsbereitschaft, die notwendige Zwei-Mann-Bedienung und anderes mehr. Heute würde es dazu sicher auch viele Gegner des wenig umweltfreundlichen Betriebes geben.

Dagegen fällt ein Vergleich für die Motor- und insbesondere die elektrische Lokomotive doch wesentlich besser aus. Für die Motorlokomotive ist in Abb. 79 ein thermischer Wirkungsgrad von 32 % angegeben. Das entspricht auch der bekannten Faustformel, wonach beim Verbrennungsmotor etwa ein Drittel des Energieinhaltes des Kraftstoffes in den Auspuff geht, ein weiteres Drittel in das Kühlwasser und ein Drittel in Nutzleistung umgesetzt wird.

Für die elektrische Lokomotive zeigt die Abb. 79 einen Gesamtwirkungsgrad von 21 %, der zunächst etwas niedrig erscheint. Es muß dabei aber berücksichtigt werden, daß die Angabe ab Stromer-

Abb. 79

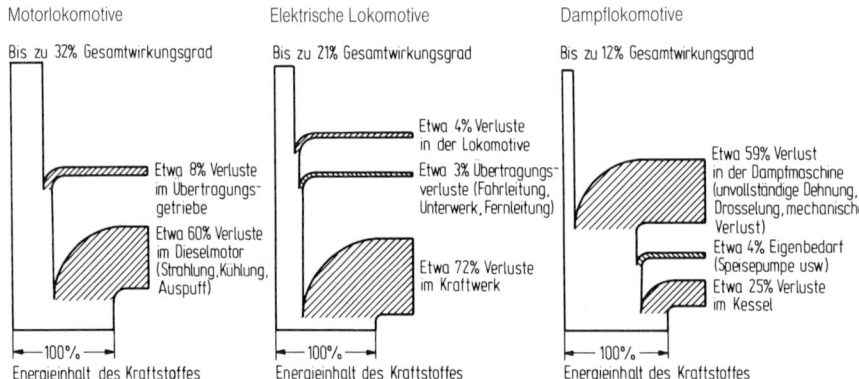

79
Energieausnutzung bei Dampf-, Motor- und elektrischen Lokomotiven

zeugung im Kraftwerk gilt, und zwar ist ein Kohle-Kraftwerk zugrunde gelegt. Dort sind ja bei der Stromerzeugung zusätzliche Verluste unvermeidlich. Ebenso gibt es Verluste beim Energietransport bis zum Verbraucher elektrische Lokomotive. Es ist auf jeden Fall richtig, den Wirkungsgrad auf die Primärenergie zu beziehen.

Abb. 80

Für sich allein betrachtet ist die elektrische Lokomotive hinsichtlich ihrer Verluste der Motorlokomotive durchaus gleichwertig, eher sogar überlegen, wie ein Vergleich in Abb. 80 zeigt. Wenn für die elektrische Lokomotive dabei die Leistung auf der Primärseite des Transformators mit 117 % angegeben ist, dann deshalb, weil die Leistungsangaben bei dieser auf die Fahrmotorwelle bezogen werden, während bei der Motorlokomotive die Leistungsangabe immer die Leistung am Schwungrad, d. h. die Wellenleistung des Antriebsmotors, ist.

Gegenüber der Dampflokomotive haben beide Lokomotivgattungen, also Motor- und elektrische Lokomotive, weitere Vorteile wie die ständige Betriebsbereitschaft, die Ein-Mann-Bedienung, die saubere und einfache Energieaufnahme, die niedrigeren Unterhaltungs- und Wartungskosten und – das gilt besonders für die elektrische Lokomotive – den sauberen und umweltfreundlichen Betrieb. Für die Beurteilung der drei Traktionsarten ist der thermische Wirkungsgrad nur e i n Kriterium. Nicht weniger wichtig sind die Energiekosten, die örtlich sehr unterschiedlich sein können, und die anderen bereits genannten Kriterien. Bei einem solchen Vergleich ist die Dampflokomotive so eindeutig unterlegen, daß sie in überschaubarer Zeit zum Aussterben verurteilt ist.

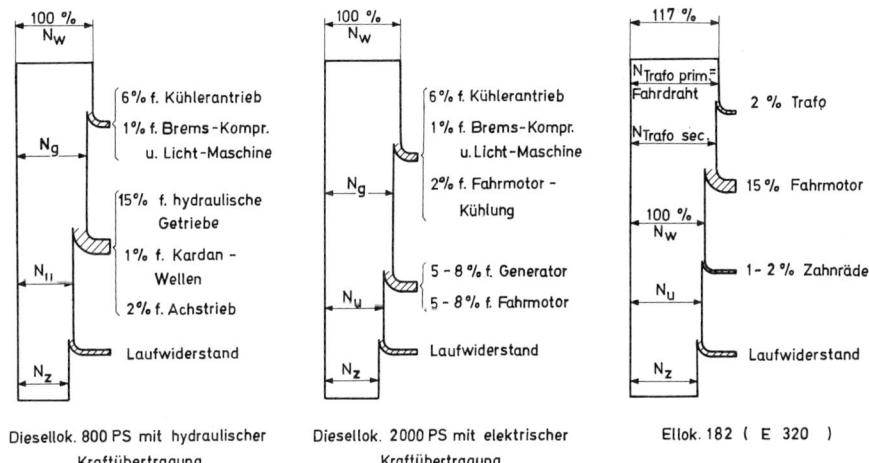

80
Wirkungsgrad bei Motor- und elektrischen Lokomotiven

Die Entwicklung der Motorlokomotive

Wie bereits erwähnt, haben Esslingen und Deutz schon im 19. Jahrhundert erste Versuche mit einem Lokomotivantrieb durch Verbrennungskraftmaschine unternommen. Anfänglich handelte es sich noch ausnahmslos um sehr kleine Leistungen, denn es standen noch keine geeigneten Motoren zur Verfügung. Überhaupt kann gesagt werden, daß die Entwicklung entscheidend von der Entwicklung immer stärkerer Motoren beeinflußt wurde. Dabei mußten die Motoren nicht nur die geforderte Leistung abgeben können, sie mußten auch mit ihren Abmessungen in den durch die Fahrzeugumgrenzung festgelegten Raum passen. Das Gewicht spielte zunächst nur eine untergeordnete Rolle. Wenn Motor und Kraftübertragungsanlage zu schwer waren, mußten eben wie bei der Dampflokomotive mehr Radsätze vorgesehen werden.

Rudolf Diesel hatte um die Jahrhundertwende gerade den nach ihm benannten Dieselmotor erfunden, der in der Folgezeit in der Motorlokomotive dominieren sollte. Lokomotivantriebe mit Ottomotoren blieben auf wenige Ausnahmen beschränkt. Mangels geeigneter Lokomotivmotoren mußte für leistungsstärkere Lokomotiven zunächst auf die damals schon entwickelten stationären und U-Boot-Motoren zurückgegriffen werden. Auch diese leisteten im ersten Quartal unseres Jahrhunderts kaum mehr als 1000 PS (736 kW). Problematisch war vor allen Dingen die Kraftübertragung auf die Achsen, da der Verbrennungsmotor bekanntlich nicht unter Last anlaufen kann. Hierfür wurden Zahnradgetriebe entwickelt, zunächst mit Schalträdern, was bei Fehlschaltungen oft zu dem berüchtigten „Zahnradsalat" führte. Die Kupplungsgetriebe mit je einer Kupplung für jeden Gang, bei denen die Zahnräder im Eingriff blieben, waren schon besser, aber auch sie bereiteten insbesondere bei größeren Leistungen Schwierigkeiten wegen der notwendigen Wärmeabfuhr und dem Verschleiß der Kupplungslamellen. Man versuchte es deshalb zunächst mit Druckluft, d. h. beim Anfahren lief der Dieselmotor als Druckluftmotor. Erst ab einer bestimmten Geschwindigkeit konnte auf Dieselbetrieb umgeschaltet werden.

Rudolf Diesel, 1858–1913

Die wohl erste größere Diesellokomotive war die 2'B2'-Lokomotive von Borsig und Sulzer aus den Jahren 1910/13. Für das Anfahren und Beschleunigen bis etwa 20 km/h mußte die Lokomotive mit Druckluft betrieben werden. Die Druckluft wurde dabei einer Stahlflaschen-Batterie entnommen, zu deren Aufladung ein besonderer Motorkompressor auf der Lokomotive installiert war. Wenn bei schweren Anfahrten die Druckluft verbraucht war, bevor die für den

Dieselbetrieb notwendige Mindestgeschwindigkeit erreicht war, mußte man anhalten und die Stahlflaschen im Stand wieder füllen.

Abb. 81
Abb. 81 zeigt die Lokomotive mit abgenommener Seitenverkleidung. Man erkennt deutlich den querstehenden Dieselmotor, dessen Kurbelwelle gleichzeitig die Blindwelle für den Stangenantrieb ist. Rechts ist der Motorkompressor zu sehen, links die Stahlflaschenbatterie. Die Versuchsfahrten mit der 1000 PS (736 kW) leistenden Lokomotive wurden von der Königlich Preußischen Eisenbahn Verwaltung (K.P.E.V.) bei Beginn des Ersten Weltkrieges abgebrochen und später nicht wieder aufgenommen.

Abb. 82
Esslingen baute 1924/27 eine 2′C2′-Diesellokomotive mit reiner Druckluftübertragung. Der maximal 1200 PS (883 kW) leistende M.A.N.-Motor war mit einem Kompressor gekuppelt, der die erforderliche Druckluft für die beiden Antriebszylinder lieferte. Die Lokomotive arbeitete wie eine Dampflokomotive, wobei auch die Heusinger-Steuerung der einer Dampflokomotive entsprach. Die Arbeitsluft wurde zwecks Druckluftersparnis in einem durch die Dieselabgase beheizten Wärmetauscher auf etwa 360°C erhitzt. Auch diese Lokomotive kam aus dem Versuchsstadium nie heraus, weshalb dieser Weg nicht weiter verfolgt wurde.

Mehr Erfolg hatte Esslingen mit seiner 1′Eo1′ dieselelektrischen Lokomotive mit 1200 PS (883 kW), gebaut 1924/25. Der Motor stammte von der M.A.N., die elektrische Kraftübertragung lieferte BBC. Der Antrieb der Achsen erfolgte über Tatzlagermotoren. Die Lokomotive wurde im Rahmen einer deutsch-sowjetischen Zusammenarbeit entwickelt und nach durchaus erfolgreicher Erprobung 1925 an die UdSSR geliefert.

Eine andere ebenfalls im Rahmen der deutsch-sowjetischen Zusammenarbeit von Hohenzollern und Krupp Mitte der zwanziger Jahre gebaute 2′E1′-Lokomotive mit 1200 PS (883 kW)-M.A.N.-Motor verwendete als Kraftübertragung ein mechanisches Getriebe mit vorgeschalteter Magnetkupplung. Wie aus heutiger Sicht verständlich, gab es insbesondere mit dem mechanischen Getriebe häufig Probleme, von dessen als Blindwelle ausgebildeter Abtriebswelle die fünf Treibradsätze über Stangen angetrieben wurden. Die Lokomotive wurde von den Russen übernommen, dort dann aber nicht nachgebaut. Offenbar war mit der mechanischen Kraftübertragung doch nicht die erforderliche Betriebstüchtigkeit zu erreichen.

Es ist bemerkenswert, daß die damalige Entwicklung leistungsfähiger Diesellokomotiven wesentlich von Rußland beeinflußt war. Zweifellos hatten die Russen schon damals die Vorzüge der Diesel-

81
Borsig-Sulzer-Diesel/Druckluft-Loko-
motive von 1910/13

82
Esslingen-Diesellokomotive mit
Druckluft-Kraftübertragung, 1924/27

83
Krupp-Sulzer-Diesellokomotive mit
elektrischer Leistungsübertragung,
1933

84
Schnitte der Krupp-Sulzer-Diesellokomotive

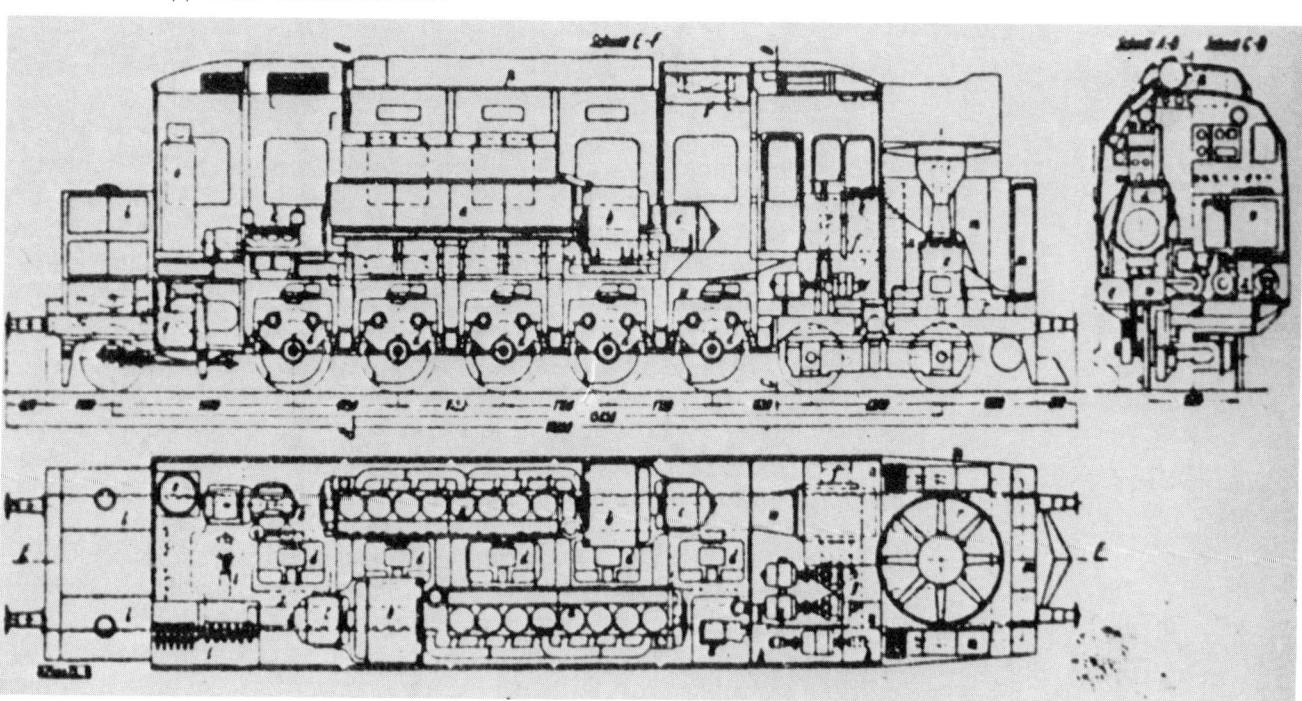

traktion für ihr Land erkannt, insbesondere weil Rußland über eigene Erdölvorkommen verfügt. Allerdings war man nur an der Lieferung und Erprobung im Ausland gebauter Prototypen mit unterschiedlicher Technik interessiert. Wenn das richtige Konzept gefunden war, wollte man den Bedarf durch Eigenbau decken.

Abb. 83

Abb. 84

Die stärkste im Rahmen der deutsch-sowjetischen Zusammenarbeit gebaute Lokomotive war ein dieselelektrischer 2'Eo1'-Typ, gebaut von Krupp mit Sulzer-Motoren und elektrischer Ausrüstung von Séchéron. Das Schnittbild veranschaulicht die damalige Situation der Dieselmotoren. Für die 1650 PS (1214 kW) Antriebsleistung mußten zwei Motoren im Aufbau parallel angeordnet werden. Auch der elektrische Antrieb ist im Hinblick auf die begrenzte Leistung aus heutiger Sicht ungewöhnlich. Zum Antrieb der fünf Treibradsätze dienten zehn Elektromotoren, je zwei für jeden Radsatz. Der Grund war sicherlich, daß man damals noch keine größeren Fahrmotoren bauen konnte oder diese so groß waren, daß man sie nicht zwischen den Rädern unterbrachte. Auch diese Lokomotive blieb trotz durchaus erfolgreicher Erprobung ein Einzelstück. Sie wurde von den Russen, die sie 1933 übernahmen, nicht nachgebaut.

Abb. 85

Deutz unternahm 1933 noch einmal den Versuch, eine Diesellokomotive mit direktem Antrieb zu bauen. Die 1000 PS (736 kW) leistende Lokomotive mit der Achsfolge 2'B 2' hatte drei im doppelt wirkenden Zweitakt arbeitende Zylinder, die wie bei einem Dampflokomotiv-Drilling angeordnet waren und über Treib- und Kuppelstangen auf die beiden Treibradsätze wirkten. Zum Anfahren und Beschleunigen diente wiederum Druckluft, die von einem Hilfsdieselmotor mit Kompressor erzeugt und in Stahlflaschen gespeichert wurde. Im Unterschied zu der Borsig-Sulzer-Lokomotive wurde bei der Deutz-Lokomotive zwecks Druckluftersparnis von Anfang an Kraftstoff eingespritzt und durch eine Glühspirale gezündet. Bei höheren Geschwindigkeiten wurde dann im reinen Dieselbetrieb gefahren. Die Lokomotive wurde nach umfangreicher Erprobung bis 1943 von der Deutschen Reichsbahn im Reisezugverkehr eingesetzt und ist dann durch Kriegseinwirkung beschädigt worden. Nach dem Zweiten Weltkrieg galt das Konzept als überholt, weshalb es nicht weiter verfolgt wurde.

Neben diesen Versuchen, leistungsstarke Diesellokomotiven zu schaffen, die meist doch auf Einzelausführungen beschränkt blieben, wurden ab Ende der zwanziger Jahre von verschiedenen Unternehmen kleine Rangierlokomotiven entwickelt. Diese mußten ja den damals üblichen Dampfrangierlokomotiven mit ihrer miserablen

85
Deutz-Diesellokomotive mit direktem
Antrieb, 1933

86
Motorkleinlokomotive der Leistungs-
gruppe II

87
1380-PS-Diesellokomotive V 140
mit hydraulischer Kraftübertragung,
gebaut von Krauss-Maffei, 1935

Brennstoffausnutzung weit überlegen sein. Die Deutsche Reichsbahn förderte aus diesem Grunde diese Entwicklungen und nahm zunächst eine kleine Anzahl zweiachsiger Diesel-Rangierlokomotiven in Betrieb. Wegen der guten Ergebnisse dieser Erprobung gründete sie dann mit der Industrie eine Arbeitsgemeinschaft, aus der schließlich die bekannte, in großen Stückzahlen beschaffte „Kleinlokomotive" (Kö, später Köf) hervorging. Die Lokomotive hatte zunächst 65 PS (48 kW) Leistung, die Kraftübertragung erfolgte durch ein Viergang-Lamellenkupplungsgetriebe mit je einer Lamellenkupplung für jeden Gang. Die beiden Radsätze wurden mittels Rollenketten angetrieben. 1934 rüstete Schwartzkopff eine Lokomotive mit dem hydrodynamischen Getriebe von Voith aus, das sich sehr gut bewährte und in der Folgezeit bei allen Nachbestellungen verwendet wurde. Die Antriebsleistung wurde in diesem Zusammenhang auf 107 PS (78 kW) erhöht. Die Lokomotive mit ihrem charakteristischen, tiefliegenden Führerhaus, das dem Fahrer – der ja gleichzeitig Rangierer ist – das Ein- und Aussteigen wesentlich erleichtert, ist allgemein bekannt. Nach 1945 kamen zu dem als Leistungsgruppe II bezeichneten Typ noch je ein schwächerer bzw. stärkerer hinzu, die Leistungsgruppe I mit 40 PS (29 kW) und die Leistungsgruppe III mit 240 PS (176 kW).

Zunächst aber noch einmal zurück zu den letzten Jahren vor dem Zweiten Weltkrieg. Nach den ersten so befriedigenden Erfahrungen mit den hydrodynamischen Getrieben der Leistungsgruppe II wagte man bereits den Sprung zu einer wesentlich stärkeren Lokomotive. Mit 1380 PS (1015 kW) Motorleistung war die V 16 101 (später V 140 001) mehr als zwölfmal stärker, also sicher ein Sprung ins Ungewisse mit erheblichem Risiko. Trotzdem entschloß sich die Deutsche Reichsbahn zum Bau, der von Krauss-Maffei in Zusammenarbeit mit der M.A.N., dem Lieferanten des Motors, und Voith, dem Hersteller des Flüssigkeitsgetriebes, durchgeführt wurde. Die Lokomotive wurde in der Rekordzeit von nur acht Monaten, z. T. ohne Werkstattzeichnungen und nach mündlicher Anweisung in den Werkstätten gebaut. Sie sollte unbedingt 1935 anläßlich der 100-Jahr-Feier der deutschen Eisenbahnen der Öffentlichkeit vorgestellt werden. Sie war dann mehrere Jahre in der Erprobung und im fahrplanmäßigen Einsatz. Auch nach dem Zweiten Weltkrieg wurde sie noch zu gelegentlichen Vorführfahrten mit prominenten Besuchern benutzt. Wegen der häufig mit solchen Fahrten verbundenen Bewirtung der Besucher hieß sie in Eisenbahnerkreisen nur noch die „Frühstückslok". 1957 wurde die Lokomotive, weil technisch veraltet, ausgemustert. Sie steht heute im Deutschen Museum in München.

Abb. 86

Abb. 87

Abb. 88

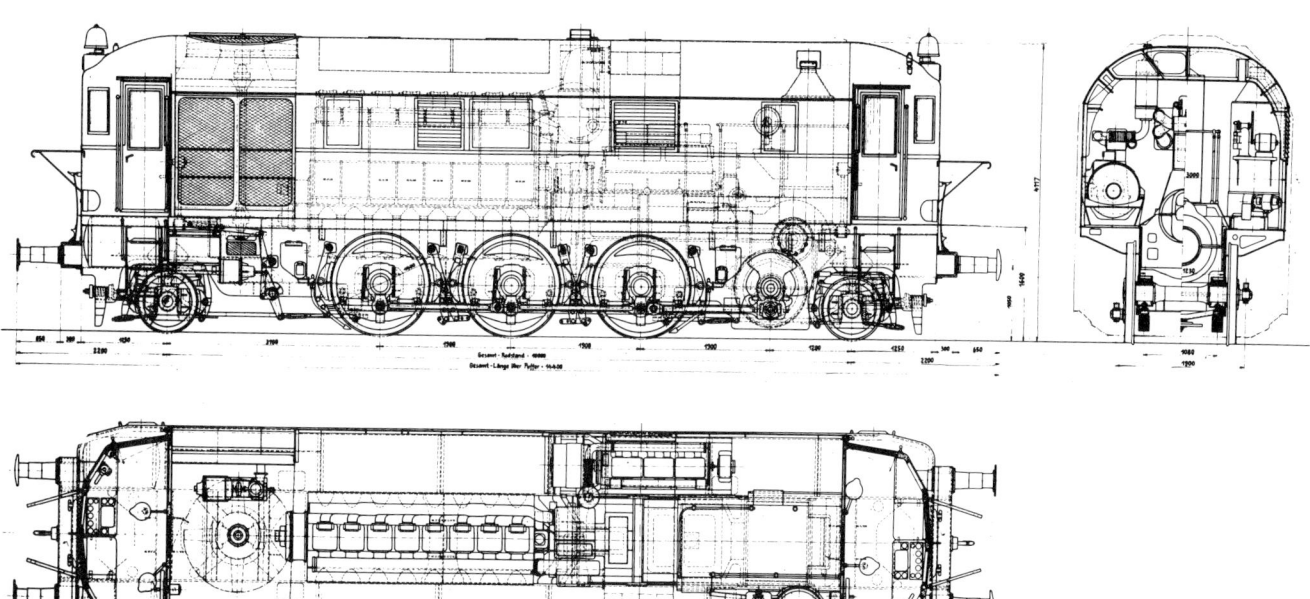

88
Schnittbild der V 140

89
Wehrmachts-Diesellokomotive
WR 360 C 14 mit hydraulischer Kraft-
übertragung, 1936

Abb. 89

Wesentliche Impulse hat die deutsche Motorlokomotive, speziell mit hydraulischer Kraftübertragung, durch die im Auftrag der damaligen Wehrmacht durchgeführte Entwicklung von Einheitslokomotiven mittlerer Leistung erhalten. Zwischen 1936 und 1940 wurden für Normalspur drei Grundtypen entwickelt, die WR 200 B 14 mit 200 PS (147 kW) Antriebsleistung, die WR 360 C 14 mit 360 PS (265 kW) und die WR 550 D 14 mit 550 PS (405 kW). Insbesondere der 360 PS (265 kW)-Typ wurde in großer Stückzahl von mehreren Herstellern gebaut, aber auch der 200 PS (147 kW)-Typ kam auf beachtliche Fertigungsziffern. Diese Lokomotive wurde zum Teil auch mit 240 PS (176 kW)-Motoren ausgerüstet. Von dem 550 PS (405 kW)-Typ wurden nur drei Stück gebaut, dann beendete der Zusammenbruch 1945 die weitere Entwicklung. Eine bereits geplante 1250 PS (920 kW)-Lokomotive kam nicht mehr zur Ausführung. Eine Anzahl der 360-PS- bzw. 200/240-PS-Lokomotiven wurde nach dem Krieg von der Deutschen Bundesbahn übernommen und als Baureihe V 20 bzw. V 36 in Dienst gestellt. Von der V 36 gab es sogar Nachbauten.

Abb. 90

Die stärkste Diesellokomotive dieser Zeit aber war die von Krupp zusammen mit M.A.N. und BBC 1941/42 entwickelte und gebaute dieselelektrische Doppellokomotive mit 2100 PS (1545 kW) und der Achsfolge Do + Do. Die Lokomotive war ursprünglich für einen speziellen militärischen Einsatz geschaffen worden, nämlich für den Transport schwerster Eisenbahngeschütze. Nach dem Krieg wurden aus den Resten drei Lokomotiven zusammengestellt und unter der Typenbezeichnung V 188 von der Deutschen Bundesbahn als Schublokomotiven auf Steigungsstrecken eingesetzt.

90
Krupp-Diesellokomotive V 188 mit
elektrischer Leistungsübertragung,
1941

Abb. 91

Neben den genannten Lokomotiven mittlerer und hoher Leistung, die ausnahmslos für Normalspur vorgesehen waren, lief eine Entwicklung schmalspuriger Wehrmachtslokomotiven. Es gab eine HF 50 B mit 50 PS (37 kW) Antriebsleistung, eine HF 130 C mit 130 PS (96 kW) und eine HF 200 D mit 200 PS (147 kW). Während die HF 50 B mechanische Kraftübertragung und Kettenantrieb der beiden Achsen hatte, waren die beiden stärkeren Typen mit hydraulischen Getrieben, Blindwelle und Stangenantrieb ausgerüstet. Das technische Konzept entsprach grundsätzlich dem der normalspurigen Wehrmachtstypen.

Nach Kriegsende 1945 und der Erledigung der dringendsten Aufräumungsarbeiten setzte ein neuer Entwicklungsabschnitt der deutschen Motorlokomotive ein. Der Stangenantrieb wurde aufgegeben und durch den Gelenkwellenantrieb ersetzt. Die Deutsche Bundesbahn entwickelte dabei ein neues Konzept, das die Verwendung der gleichen schnellaufenden Dieselmotoren mit den gleichen hydraulischen Getrieben, Gelenkwellen und Achsgetrieben für Lokomotiven und Triebwagen vorsah. Man versprach sich von diesem Konzept eine wesentliche Rationalisierung der Unterhaltung und Ersatzteilvorhaltung. Mit der Baureihe V 80, die mit *einer* Motor- und Kraftübertragungsanlage ausgerüstet war, sollte das neue Konzept zunächst erprobt werden. Die Lokomotive erwies sich aber bald als zu schwach. Es wurden nur zehn Lokomotiven dieses Typs gebaut. Die Baureihe V 200 erhielt zwei Maschinenanlagen der Baureihe V 80, anfänglich mit 2 × 1000 PS (2 × 736 kW), später mit 2 × 1100 PS (2 × 890 kW), die durch Erhöhung der Aufladung der Motoren

Abb. 92
Abb. 93

*91
Wehrmachts-Diesellokomotive
HF 200 D mit hydraulischer Kraft-
übertragung als Doppellokomotive*

92
*Diesellokomotive V 80 der Deutschen
Bundesbahn (DB), 1952*

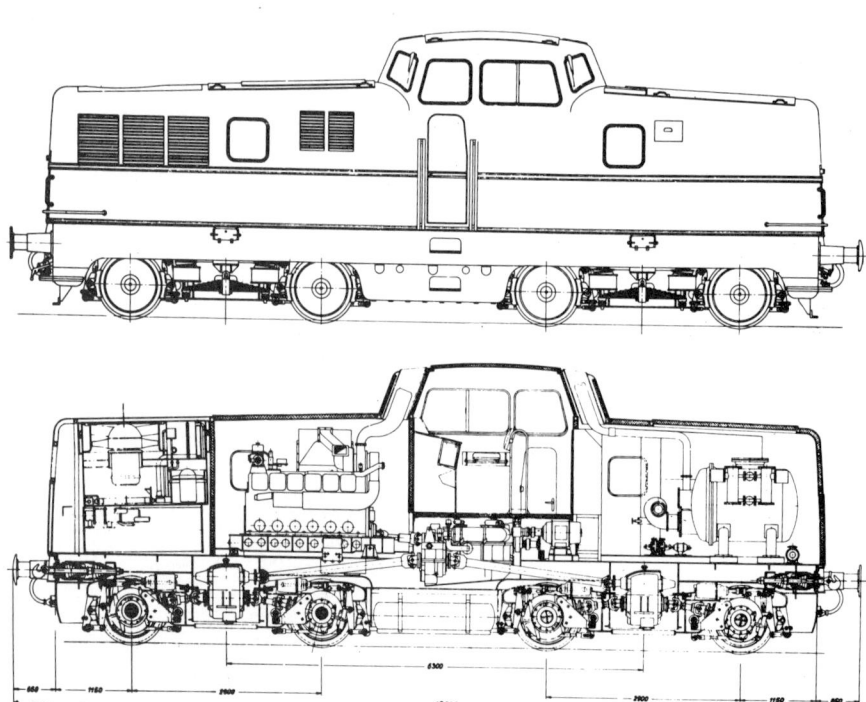

93
Schnitte der V 80

94
Diesellokomotive V 200 der
Deutschen Bundesbahn (DB), 1953

95
Schnitte der V 200

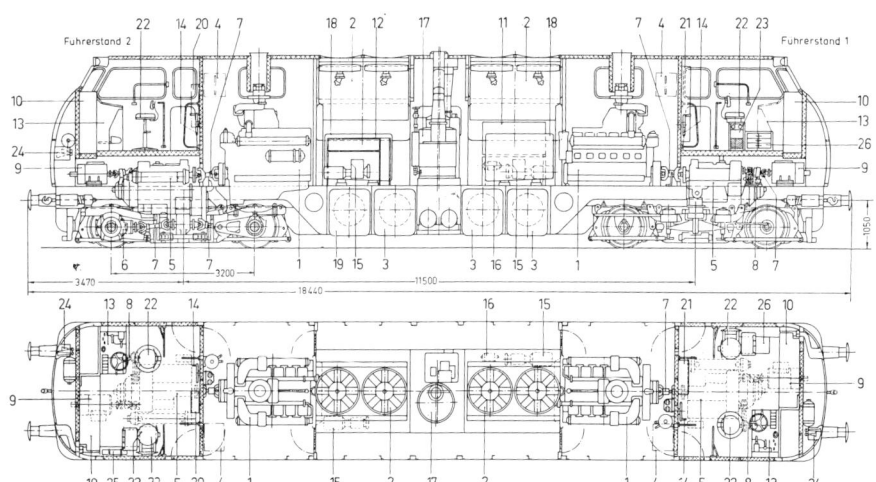

1 Dieselmotor
2 Kühlergruppe mit je
  2 Lüftern
3 Dieselkraftstoff-Haupt-
  behälter
4 Dieselkraftstoff-
  Betriebsbehälter
5 Hydromechan.
  Getriebe
6 Achstriebe
7 Gelenkwellen
8 Hydr. Lüfterpumpe
9 Lichtanlaßmaschine
10 Apparateschränke im
  Führerraum
11 Apparateschrank im
  Maschinenraum
12 Gerätegerüst für Spur-
  kranzschmierung

13 Führerstandspulte
14 Handbremsräder
15 Luftpresser
16 Indusi-Umformer
17 Heizkessel mit Öl-
  feuerung
18 Speisewasserbehälter
19 Heizölbehälter
20 Indusi-Schrank
21 Kleiderschrank
22 Führer- u. Begleiter-
  sitze
23 Führerraum- Heiz- u.
  Entfrosteranlage für
  Stirnfenster
24 Tonsignalanlage
25 Werkzeugkasten
26 Gerätekasten

Abb. 94

Abb. 95

Abb. 96

Abb. 97

Abb. 98

schließlich auf 2 × 1350 PS (2 × 993 kW) gebracht wurden, also auf insgesamt 2700 PS (1988 kW) Lokomotivleistung. Die V 200 war damit lange Zeit die stärkste dieselhydraulische Lokomotive der Deutschen Bundesbahn. Maybach und Daimler-Benz erhöhten im Zuge der Weiterentwicklung die Leistung ihrer Zwölfzylindermotoren sogar auf 1500 PS (1104 kW), der Sechzehnzylindermotor hatte dann 2000 PS (1472 kW). Damit wurde der Bau noch leistungsfähigerer Lokomotiven möglich. Die von Krauss-Maffei für die spanischen Talgo-Züge gebauten Speziallokomotiven hatten 2 × 1500 PS (2 × 1104 kW), also insgesamt 3000 PS (2208 kW). Ihre Besonderheit war die niedrige Bauhöhe, die sich aus optischen Gründen der Bauhöhe der Züge anpassen sollte. Es war für den Konstrukteur nicht ganz einfach, die der V 200 ähnelnden Maschinenanlagen in einer rund 1 m niedrigeren Lokomotive unterzubringen. Die stärkste Lokomotive dieser Entwicklungsreihe ist die ebenfalls von Krauss-Maffei gebaute 4000 PS (2944 kW)-Lokomotive für die Spanische Staatsbahn (RENFE) mit zwei Motoren zu je 2000 PS (1472 kW). Die Lokomotive ist die stärkste vierachsige Diesellokomotive.

96
3000-PS-Diesellokomotive für die spanischen Talgo-Züge, gebaut von Krauss-Maffei, 1968

Für begrenzte Achslasten wurden sechsachsige Lokomotiven entwickelt, deren Konzept weitgehend mit den vorerwähnten vierachsigen Typen übereinstimmt. Bei den Antrieben der dreiachsigen Drehgestelle mußte allerdings die Gelenkwellenkinematik sehr sorgfältig

97
4000-PS-Diesellokomotive für die
Spanische Staatsbahn, gebaut von
Krauss-Maffei, 1966

98
Schnitte der 4000-PS-Lokomotive

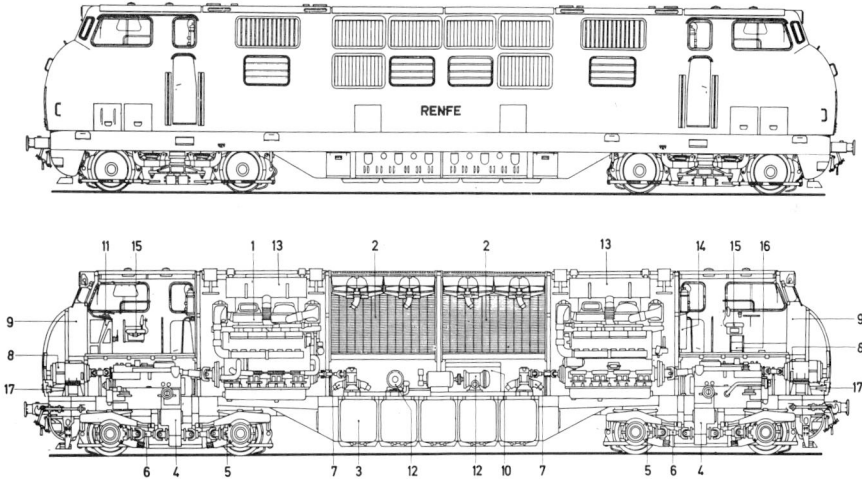

1 Dieselmotor
2 Kühlergruppe mit je
 2 Lüftern
3 Dieselkraftstoff-Haupt-
 behälter
4 Hydromechan.
 Getriebe
5 Achstriebe
6 Gelenkwellen
7 Hydr. Lüfterpumpe
8 Lichtanlaßmaschine
9 Apparateschränke im
 Führerraum

10 Apparateschrank im
 Maschinenraum
11 Führerstandspulte
12 Vakuumpumpen
13 Schalldämpfer
14 Kleiderschrank
15 Führer- u. Begleiter-
 sitze
16 Führerraum- Heiz- u.
 Entfrosteranlage für
 Stirnfenster
17 Tonsignalanlage

beachtet werden, was bei den kurzen, drehsteifen und damit pro-
blemlosen Gelenkwellenantrieben der zweiachsigen Drehgestelle
nicht erforderlich war. Wenn bei längeren, drehelastischeren Gelenkwellen die Beugungswinkel der Gelenke nicht immer gleich sind,
kann dies zu unangenehmen Drehschwingungen im Antrieb führen,
unter Umständen zu Schäden oder sogar zur Zerstörung der Gelenkwelle. Um hier ganz sicher zu gehen, wurde die Gelenkwelle zwischen
dem im Hauptrahmen gelagerten Flüssigkeitsgetriebe und dem im

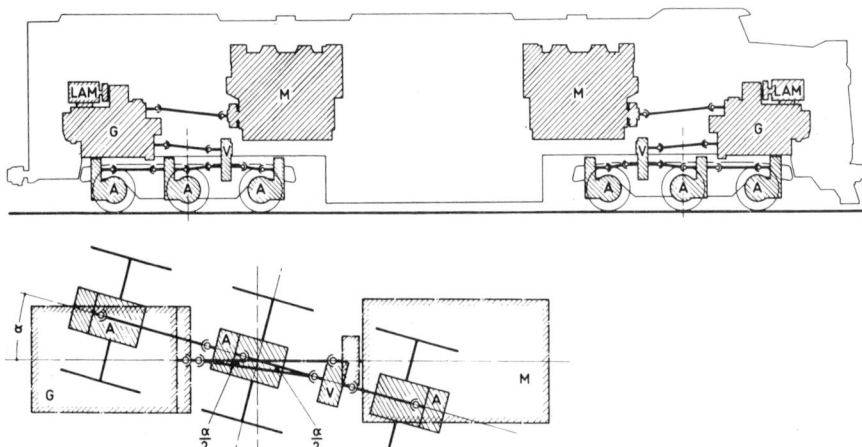

99
*Gelenkwellenschema für sechs-
achsige dieselhydraulische Lokomotiven*

100
*4000-PS-Diesellokomotive für Brasi-
lien, gebaut von Krauss-Maffei, 1966*

Drehgestellrahmen befestigten Verteilergetriebe so angeordnet, daß
sie durch den theoretischen Drehpunkt des Drehgestells halbiert wird.

Abb. 99   Wie Abb. 99 zeigt, ergibt sich dann bei Kurvenfahrt und Auslenkung
des Drehgestells in der Projektion ein gleichschenkliges Dreieck.
Damit sind die Beugungswinkel der Gelenkwelle bei jedem Kurvenra-
dius gleich.

Abb. 100   Bei der sechsachsigen 4000 PS (2944 kW)-Lokomotive für eine
brasilianische Erzbahn ist die eben erläuterte Kinematik berücksich-

Abb. 101   tigt. Die von Krauss-Maffei gelieferten Lokomotiven haben Meterspur
und dürften zu den stärksten schmalspurigen Lokomotiven zählen.

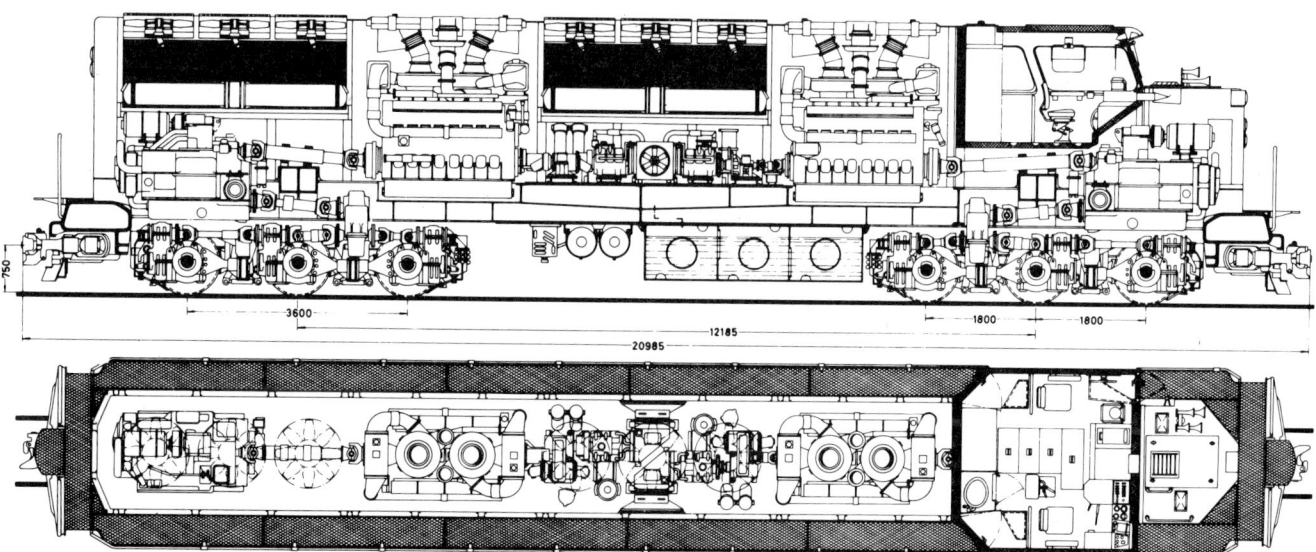

101 △
Schnitte der 4000-PS-Lokomotive für Brasilien

102
5400-PS-Henschel-Diesellokomotive für die Volksrepublik China, 1970

103
Schnitte der 5400-PS-Lokomotive

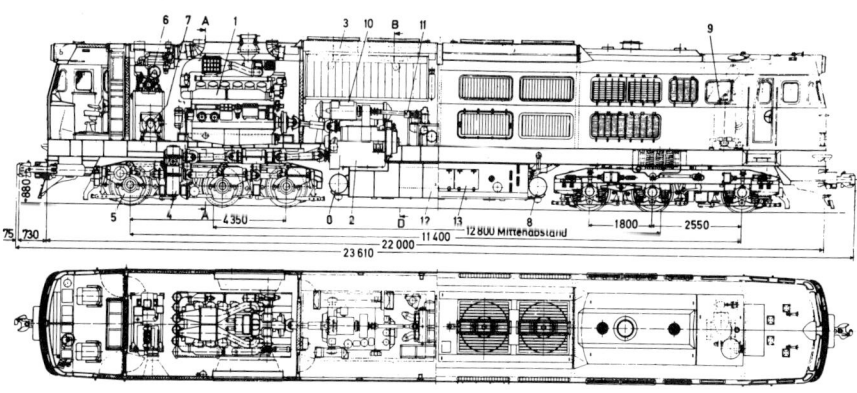

1 Dieselmotor
2 Voith-Turbogetriebe
3 Radiator
4 Verteilungsgetriebe
5 Achsgetriebe
6 Hilfsdieselmotor
7 Kompressor

8 Luftbehälter
9 Heißwassergenerator
10 Anlaßdynamo
11 Flügelradpumpe
12 Kraftstofftank
13 Batterie

Da immer mindestens zwei Lokomotiven Rücken an Rücken zu einer Doppellokomotive zusammengekuppelt werden, haben die Lokomotiven nur *ein* Führerhaus.

Abb. 102
Abb. 103

Die leistungsstärkste Lokomotive nach diesem Konzept ist die 5400 PS (3974 kW) leistende Lokomotive von Henschel aus dem Jahre 1970. Auch bei diesen an die Volksrepublik China gelieferten Lokomotiven hat Henschel die beschriebene Gelenkwellenkinematik berücksichtigt. Allerdings mußte wegen des großen Abstands zwischen hydraulischem und Verteilergetriebe eine zusätzliche Gelenkwelle mit Festlager im Hauptrahmen vorgesehen werden.

Ebenfalls seit etwa 1950 wurden von der deutschen Lokomotivindustrie zahlreiche Motorlokomotiven mit nur einer Maschinenanlage für das In- und Ausland entwickelt und gebaut. Auch sie sind fast ausnahmslos nach einem einheitlichen Konzept konstruiert. Das hydraulische Getriebe ist dabei in der Mitte der Lokomotive angeordnet. Von dort aus erfolgt der Antrieb der beiden Drehgestelle über Gelenkwellen auf die beiden inneren Radsätze, die ihrerseits durch Gelenkwellen mit den beiden äußeren Radsätzen gekuppelt sind. Die bekannteste Lokomotive dieser Bauart ist zweifellos die für die Deutsche Bundesbahn entwickelte Baureihe V 160, die ab 1960 in großer Stückzahl von mehreren Firmen gebaut wurde. Im Laufe der Jahre gab es eine ganze Reihe von Ausführungsvarianten. Die Leistung wurde von 2000 PS (1472 kW) auf 2500 PS (1840 kW) gesteigert. Die anfänglich eingebaute Dampferzeugeranlage für Zugheizung – wegen der noch vorhandenen dampfbeheizten Reisezugwagen – wurde durch eine elektrische Zugheizung mit Heizgenerator ersetzt, wobei der Heizgenerator zunächst durch einen besonderen Hilfsdieselmotor, später vom Hauptmotor direkt angetrieben wurde. Die verschiedenen Varianten sind an den heute gültigen Typenbezeichnungen 216, 217, 218 und 215 zu erkennen. Die Baureihe 210 erhielt seinerzeit versuchsweise einen Gasturbinen-Zusatzantrieb, durch den die Antriebsleistung zeitweilig um 900 PS (662 kW) erhöht werden konnte, also auf 3400 PS (2502 kW).

Abb. 104
Abb. 105

Ähnliche einmotorige dieselhydraulische Lokomotiven wurden von fast allen deutschen Lokomotivherstellern für Industrie- und Nebenbahnen im In- und Ausland, aber auch für Schmalspurbahnen im Ausland gebaut.

Abb. 106

– Die MaK lieferte die in Abb. 106 dargestellte Lokomotive an eine deutsche Privatbahn. Auch die Lokomotiven der Baureihe V 100 der Deutschen Bundesbahn entsprechen dieser Bauart.

104
Diesellokomotive V 160 der
Deutschen Bundesbahn (DB), 1960

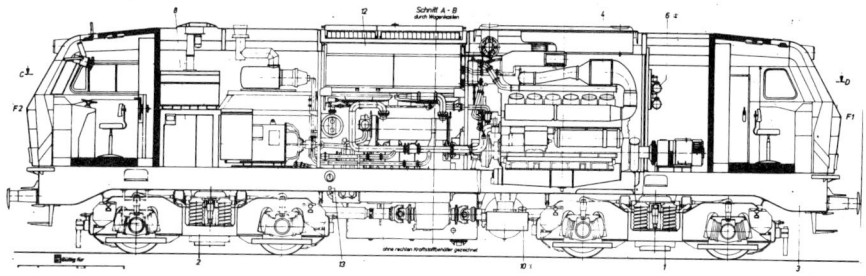

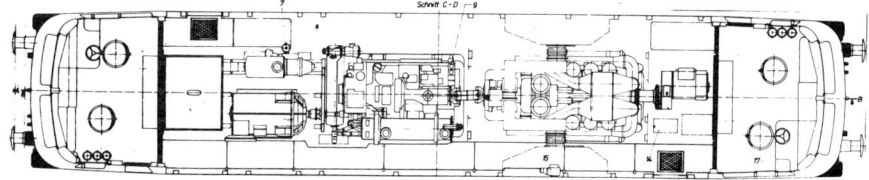

105
Schnitte der V 160

106
MaK-Nebenbahn- und Industrie-
Lokomotive mit 1200 PS

Abb. 107

– Krupp und Krauss-Maffei lieferten 1964/65 im Rahmen eines Gemeinschaftsauftrages für die damalige Lokomotiv-Export-Union 50 Lokomotiven mit der Achsfolge B'B' nach Indonesien. Die Motorleistung betrug 1500 PS (1104 kW), die Spurweite war 1067 mm.

Daneben haben die meisten deutschen Lokomotivhersteller nach dem Zweiten Weltkrieg Typenreihen von Industrie- und Neben-

107

1500-PS-Diesellokomotive für Indonesien, gebaut von Krupp und Krauss-Maffei, 1964/65
– Ansicht und Schnitt –

1	Maybach-Diesel-motor MD 655	20.2	Führerstand 2
2	Schwingmetall-Kupplung	21	Fahrpult
		22	Führersitz
3	Gelenkkupplung, Gelenkwelle	23	Handbremse
		24	Lüftungsklappe
4	Voith-Turbogetriebe L 630 rU 2	25	Horn
		26	Kopfscheinwerfer
6	Kombinierter Achstrieb	27	Kühlanlage
		28	Kühlerlüfter
7	Einfacher Achstrieb	29	Wärmetauscher
8	Drehmomentstütze	30	Kühlwasser-Hochbehälter
9	Hauptrahmen	31	Ölbad-Luftfilter
10	Drehzapfen	32	Luftpresser
11	Batteriekasten	33	Vakuumpumpe
13	Treibradsatz	34	Lichtmaschine
14	Achslager	36	Auspuff
15	Achslagerfeder	37	Kraftstoff-Hochbehälter
16	Wiege		
17	Schraubenfeder zwischen Wiege u. Drehgestellrahmen	38	Hauptluftbehälter
		41	Apparategerüst
		42	Kraftstoffbehälter
18	Bremszylinder	45	Henricot-Kupplung
20.1	Führerstand 1	46	Perdijkt-Kupplung

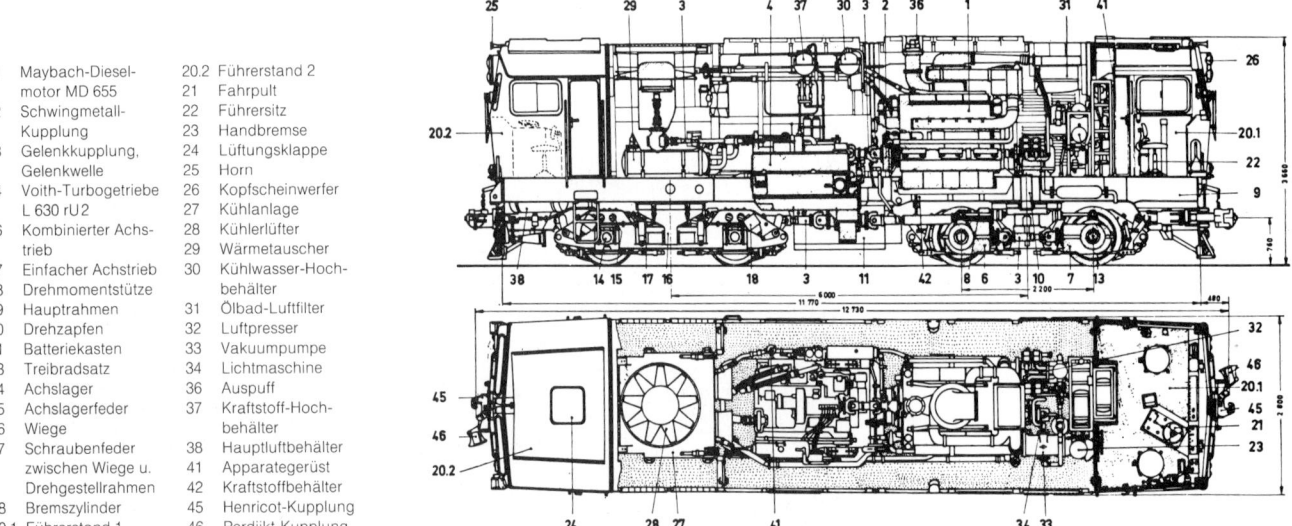

bahnlokomotiven unterschiedlicher Leistung als Starrahmenlokomotiven mit der Achsanordnung B, C und D entwickelt und gebaut. Zunächst hatten alle Lokomotiven noch Stangenantrieb. Nach den fünfziger Jahren setzte sich jedoch auch bei diesen Lokomotiven der Gelenkwellenantrieb durch, wobei gleichzeitig die vierachsige Starrahmenlokomotive in eine B'B', also in eine Drehgestellokomotive umgewandelt wurde.

Eine interessante Konstruktion aus der Mitte der fünfziger Jahre ist die von der MaK gebaute D-Beugniot-Lokomotive, bei der die vier durch Stangen angetriebenen Radsätze durch Beugniot-Hebel so

Abb. 108

*108
D-Beugniot-Diesellokomotive mit
850 PS, gebaut von MaK, 1957*

*109
Diesel-Rangierlokomotive V 60 der
Deutschen Bundesbahn (DB), 1955*

gesteuert werden, daß sich die Führungskräfte im Gleisbogen immer auf zwei Spurkränze verteilen. Das Prinzip der Beugniot-Hebel wurde bereits im Schema (Abb. 39) gezeigt. MaK hat eine große Anzahl solcher Lokomotiven mit 850 PS (625 kW) Antriebsleistung nach Cuba geliefert. Auch bei der Deutschen Bundesbahn liefen einige mit 650 PS (478 kW) unter der Baureihenbezeichnung V 65 (265).

Abb. 109

Ebenfalls aus der Mitte der fünfziger Jahre stammt die bekannte dreiachsige DB-Rangierlokomotive V 60 (260/261), die auch heute noch überall im Einsatz beobachtet werden kann. Mangels Erfahrungen mit dem damals noch nicht erprobten Gelenkwellenantrieb war man zu dieser Zeit vorsichtig und blieb lieber bei dem bekannten Stangenantrieb.

Alle bisher aufgeführten deutschen Motorlokomotiven hatten hydraulische Kraftübertragung oder – bei kleinen Leistungen – mechanische Getriebe. Der Schwerpunkt der deutschen Motorlokomotiventwicklung lag tatsächlich zunächst eindeutig bei der dieselhydraulischen Bauart. Das hydrodynamische Getriebe, gelegentlich auch Turbo- oder Flüssigkeitsgetriebe genannt, geht auf eine Erfindung des deutschen Professors Föttinger zurück, war allerdings ursprünglich als Untersetzungsgetriebe für den Turbinenantrieb von Dampfschiffen gedacht. Die Firmen AEG und Voith erkannten erstmalig die hervorragenden Möglichkeiten des Föttinger-Drehmomentwandlers bei seiner Verwendung als Kraftübertragung für Motorlokomotiven. Der als erster Gang verwendete Drehmomentwandler ergab die für den Lokomotivbetrieb notwendigen hohen Anfahrzugkräfte. Die in den weiteren Gängen verwendeten Marschwandler oder hydraulischen Kupplungen ermöglichten eine bis dahin nicht bekannte Annäherung an die theoretische Zugkrafthyperbel. Dazu war das Getriebe praktisch narrensicher, Fehlschaltungen waren ausgeschlossen, die vollautomatische Ölsteuerung machte jede Gangschaltung durch den Lokomotivführer unnötig. Mit einem Schlag waren alle Probleme der Kraftübertragung der Motorlokomotive gelöst.

Die dieselelektrische Lokomotive, also die Motorlokomotive mit elektrischem Antrieb der Radsätze, ist praktisch eine elektrische Lokomotive, die ihr Kraftwerk mit sich führt. Ihre Entwicklung hat in Deutschland, im Gegensatz beispielsweise zu den USA und von Ausnahmen abgesehen, verhältnismäßig spät eingesetzt. Als Ende der vierziger bzw. Anfang der fünfziger Jahre mit den Baureihen V 80 und

V 200 die Entwicklung leistungsfähiger Motorlokomotiven in größerem Rahmen anfing, hatte das hydraulische Getriebe bereits eine hohe Betriebsreife erlangt. Dagegen standen deutsche elektrische Kraftübertragungen praktisch nicht zur Verfügung. Die Elektrofirmen, in erster Linie also AEG, BBC und Siemens, waren voll ausgelastet mit Aufträgen zur Wiederherstellung der durch den Krieg zerstörten Energieversorgungs- und -verteilungsanlagen. Sie waren damals, sicher auch mangels entsprechender Kapazität, nur wenig an der Entwicklung elektrischer Kraftübertragungen für Motorlokomotiven interessiert. Auch die Lokomotivhersteller zogen zunächst die hydraulische Kraftübertragung vor, da diese billiger war und einen bis zu 10 % niedrigeren Lokomotivpreis erlaubte. Das war für den Wettbewerb insbesondere im Export von nicht zu unterschätzender Bedeutung. Daneben war bei der dieselhydraulischen Lokomotive auch der Fertigungsanteil des Lokomotivherstellers größer.

Die elektrischen Kraftübertragungen der Diesellokomotiven waren anfänglich reine Gleichstrom-Leistungsübertragungen, auch mit deren Nachteilen, der begrenzten Drehzahl, dem daraus resultierenden Bauvolumen von Generator und Fahrmotor, dem Kollektorverschleiß und dem Unterhaltungsaufwand für die Kohlebürsten. Es war deshalb schon lange das Bestreben der Ingenieure, eine Wechselstrom-Leistungsübertragung zu entwickeln. Der erste Schritt in diese Richtung war die Verwendung von kollektorlosen Wechselstromgeneratoren in Verbindung mit einem Gleichrichter und Gleichstrom-Fahrmotoren. Erst die noch gar nicht so alte Leistungselektronik ermöglichte den Bau von Umrichtern, bestehend aus Gleichrichter, Gleichspannungszwischenkreis und Wechselrichter, mit deren Hilfe die vergleichsweise kleinen und robusten Drehstrom-Asynchron-Fahrmotoren mit variabler Spannung und Frequenz gespeist werden können.

Die Vorzüge der Drehstrom-Leistungsübertragung werden dieser neuen Technik künftig sicher steigende Bedeutung verschaffen, während sich schon heute abzeichnet, daß die hydraulische Kraftübertragung künftig wohl auf die kleineren Leistungen beschränkt bleiben wird. Es kommt hinzu, daß die elektrische Leistungsübertragung dem Konstrukteur wesentlich mehr Freizügigkeit bei der Anordnung der einzelnen Aggregate in der Lokomotive gewährt, wodurch der zu beachtende Gewichtsausgleich erleichtert wird und die Aggregate unter Umständen zweckmäßiger angeordnet werden können. Bei der hydraulischen Kraftübertragung sind die Zwänge des Gelenkwellenantriebes zu beachten. Bei der einmotorigen dieselhydraulischen Lokomotive muß das Getriebe in der Mitte angeordnet werden und bestimmt damit weitgehend die Lage aller anderen Aggregate. Der schwere Antriebsmotor kommt dabei völlig einseitig zu liegen und belastet in der Hauptsache nur *ein* Drehgestell. Bei dreiachsigen Drehgestellen ergeben sich zwangsläufig, wie beschrieben, drei übereinanderliegende Gelenkwellen. Das erschwert die Zugänglichkeit bei der Wartung und führt zu einer relativ hohen Lage von Motor und Getriebe, und der Schwerpunkt der Lokomotive liegt höher. Diese Probleme gibt es bei heutigen dieselelektrischen Lokomotiven nicht. Die Fortleitung der Energie durch Kabel ist nun einmal einfacher und raumsparender als bei Gelenkwellen.

Auch für dieselelektrische Lokomotiven einige Beispiele aus der Zeit nach dem Zweiten Weltkrieg:

Abb. 110

– Henschel lieferte an die Ägyptische Staatsbahn eine große Anzahl dieselelektrischer Normalspur-Lokomotiven mit Leistungen von 1425 PS (1049 kW) bzw. 1900 PS (1398 kW) und 1950 PS (1435 kW). Die beiden letztgenannten Typen haben die ungewöhnliche Achsanordnung (A1A)'(A1A)', d. h. in jedem der beiden dreiachsigen Drehgestelle ist die mittlere Achse eine Laufachse. Die von General Motors Corporation (GMC), USA, gelieferte Antriebsanlage – Dieselmotor, Gleichstromgenerator, Gleichstromfahrmotoren – war so schwer, daß eine vierachsige Lokomotive bei der

*110
(A1A)'(A1A)'-dieselelektrische Lokomotive mit 1950 PS für Ägypten, von Henschel*

vom Besteller vorgeschriebenen Achslast nicht realisiert werden konnte. Andererseits genügten für die Ausnutzung der Antriebsleistung vier Treibradsätze, weshalb der Konstrukteur den mittleren Laufradsatz einfügte.

Abb. 111
Abb. 112

– Krauss-Maffei lieferte 1964 mehrere dieselelektrische Lokomotiven für eine Eisenerzmine in Liberia. Der Motor kam von M.A.N., die elektrische Gleichstrom-Leistungsübertragung lieferte BBC. Die Leistung der vierachsigen Lokomotive, Achsfolge B'B', betrug 2000 PS (1472 kW), die Spurweite 1435 mm.

111
2000-PS-dieselelektrische Lokomotive für Liberia, gebaut von Krauss-Maffei, 1964

112
Längsschnitt der 2000-PS-Diesellokomotive für Liberia

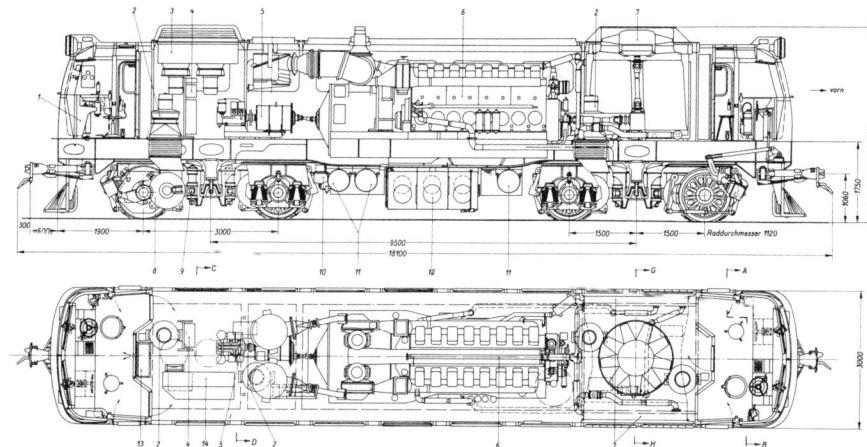

1 Führertisch
2 Fahrmotorlüfter
3 Bremswiderstand und Lüfter
4 Widerstandsgerät
5 Kompressor-Hilfsgenerator-Aggregat
6 Dieselgenerator-Aggregat
7 Kühlanlage
8 Fahrmotor
9 Fahrmotor-Abstützung
10 Wasser- und Ölabscheider
11 Hauptluftbehälter
12 Kraftstofftank
13 Apparateschrank für Steuerung
14 Apparateschrank für Hauptstromkreis
15 Druckluftgerät
16 Pendelstütze

113
3000-PS-dieselelektrische Lokomotive für die Tanzania-Zambia-
Bahn von Krupp, 1983/84

114
Henschel-BBC DE 2500, erste dieselelektrische Lokomotive mit Drehstrom-Leistungsübertragung, 1971

Abb. 113

- Die größte in Deutschland gebaute schmalspurige dieselelektrische Lokomotive stammt von Krupp. Die Serie wurde 1983/84 an die Tanzania-Zambia-Bahn geliefert. Die Antriebsleistung beträgt 3000 PS (2208 kW), Dieselmotor und elektrische Ausrüstung, Wechselstromgenerator, Gleichrichter und Gleichstromfahrmotoren, kamen von General Electric Corporation (GEC), USA. Die Achsfolge ist Co'Co', die Spurweite 1067 mm. Auch diese Lokomotiven fahren üblicherweise in Doppeltraktion, weshalb nur *ein* Führerhaus vorgesehen wurde.

Abb. 114

- Eine für die Zukunft der Diesellokomotive zweifellos bedeutungsvolle Entwicklung wurde 1971 von Henschel in Zusammenarbeit mit BBC mit der DE 2500 eingeleitet. Es handelt sich um die erste Lokomotive mit reiner Drehstrom-Leistungsübertragung. Generator, Umrichter und Fahrmotoren entwickelte und baute BBC, der Motor kam von M.A.N. Die Achsfolge war Co'Co', die Spurweite betrug 1435 mm.

Inzwischen entwickeln die deutschen Lokomotivhersteller auch bereits Industrie- und Nebenbahnlokomotiven mit der neuen Drehstrom-Antriebstechnik. Auch erste Aufträge für größere Lokomotiven liegen aus dem Ausland bereits vor. Hier ist in nächster Zeit ein neuer Entwicklungsschub zu erwarten.

Die Entwicklung der elektrischen Lokomotive

Es besteht kein Zweifel, daß in Deutschland wie auch in den meisten Ländern Mitteleuropas die elektrische Lokomotive, d. h. die elektrisch angetriebene Lokomotive mit Energiezuführung über einen Fahrdraht, schon seit Jahren auf dem Vormarsch ist. Das hat nicht erst die Ölkrise bewirkt. Die elektrische Lokomotive ist, nicht zuletzt wegen ihrer kurzzeitigen Überlastbarkeit, außerordentlich leistungsfähig und betriebstüchtig und erfordert im Vergleich zur Motorlokomotive, von der Dampflokomotive ganz zu schweigen, wesentlich weniger Wartung und Unterhaltung. Nachteilig sind ihre Bindung an das elekrifizierte Netz und die hohen Investitionskosten für dessen Anlage. In der Bundesrepublik Deutschland und ihren Nachbarstaaten lohnen die hohen Anlagekosten, da die Belastung des Netzes, d. h. die Zugfolgedichte, außerordentlich hoch ist. In den außereuropäischen Ländern und in Übersee ist das meist völlig anders. Nicht nur die Zugfolge ist wesentlich geringer, auch die Entfernungen sind oft um ein Mehrfaches größer, womit auch die Verlüste und Kosten der Energiefortleitung steigen. Für diese Länder ist deshalb die Motorlokomotive in der Regel das geeignetere Traktionsmittel, insbesondere dann, wenn diese Länder über eigene Erdölvorkommen verfügen. Der Export von elektrischen Lokomotiven wird deshalb für die deutschen Hersteller immer relativ begrenzt bleiben. Für die Deutsche Bundesbahn und die benachbarten Bahnverwaltungen dagegen ermöglicht die elektrische Lokomotive, sich von Erdölimporten unabhängiger zu machen, da meist Strom aus heimischen Energiequellen genutzt werden kann.

Werner von Siemens, 1816–1892

Es wurde eingangs schon erwähnt, daß Werner Siemens die erste elektrische Lokomotive der Welt bereits 1879 in Berlin gezeigt hat. Die AEG folgte nur zehn Jahre später, 1889. Dann aber lag der Schwerpunkt der Entwicklung bei der Anwendung des neuen, sauberen und umweltfreundlichen Antriebs bei der Straßenbahn, bei Grubenlokomotiven und beim Triebwagen. Die ersten elektrisch angetriebenen Schienenfahrzeuge verwendeten ausnahmslos Gleichstrom mit 500 bis 600 V Spannung. Die Stromzuführung erfolgte anfänglich noch über die Schiene, gegen Ende des Jahrhunderts kam die Oberleitung auf. Die damals verfügbaren Gleichstrommotoren vertrugen, wegen Kommutierungsschwierigkeiten und anderem mehr, keine höhere Spannung. Ihre Leistung lag anfänglich auch kaum über 35 bis 40 kW. Auch die Entfernungen, d. h. die Strecken, waren relativ kurz. Bei nur 600 V Spannung fielen allein die Übertragungsverluste unverhältnismäßig hoch aus.

Schon bald wurde erkannt, daß der Antrieb durch Wechselstrommotor vorteilhafter sein würde, da diese Antriebsart erlaubt, die Spannung für den Energietransport mittels Transformator zu erhöhen.

Abb. 115

Als Ende des 19. Jahrhunderts der Drehstrommotor entwickelt war, setzte die Entwicklung leistungsfähiger Vollbahn-Lokomotiven ein. Schon 1901/04 erprobten Siemens & Halske (S & H) auf der Militäreisenbahn Marienfelde–Zossen bei Berlin eine (1A)′(A1)′ Lokomotive mit einer Leistung von 2 × 110 kW, bei einer Fahrdrahtspannung von 10000 V/50 Hz. In der Eisenbahngeschichte ist die genannte Militäreisenbahn mehr bekannt geworden durch die etwa zur gleichen Zeit von S & H und AEG durchgeführten Schnellfahrversuche mit zwei Triebwagen, die ebenfalls Drehstrom-Antrieb hatten. Beide Triebwagen erreichten dabei die damals spektakulären Geschwindigkeiten 206 bzw. 210 km/h. Wohlgemerkt, man schrieb 1903. Trotz dieser aufsehenerregenden Erfolge setzte die „Studiengesellschaft für elektrische Schnellbahnen" (StES) ihre Versuche schließlich nicht fort. Man mußte erkennen, daß die dreiteilige Drehstrom-Fahrleitung für Bahnhofsanlagen, d. h. insbesondere für Weichen, ungeeignet ist, und daß auch der Drehstrom-Asynchronmotor sich wegen seiner starren Drehzahlkennlinie bei Speisung mit einer festen Frequenz als Bahnmotor nicht eignet. Abgesehen von Versuchen mit Umformer-Lokomotiven ergaben sich erst Mitte der sechziger Jahre neue Möglichkeiten, diesen Motor als Traktionsmotor einzusetzen.

Abb. 116

1905 stand dann der Einphasen-Wechselstrom-Reihenschlußmotor zur Verfügung, der die Weiterentwicklung der elektrischen Lokomotive ganz entscheidend bestimmt hat. Die erste Bahn mit Einphasen-Wechselstrombetrieb fuhr 1905 auf der Strecke Murnau–Oberammergau. Die Spannung war 5000 V/16 Hz. Abb. 117 zeigt die zweite von Krauss für diese Bahn gebaute Lokomotive aus dem Jahre 1909.

Abb. 117

1908 beschloß die damalige Bayerische Staatsbahn, künftigen Elektrifizierungsvorhaben die Spannung 15000 V/16⅔ Hz zugrundezulegen. Dem schlossen sich 1912/13 die anderen deutschen Länderbahnen im Rahmen eines Übereinkommens an, nachdem vorher von ihnen auch 5000 und 10000 V sowie 15 und 16⅔ Hz angewandt worden waren. Das damals von den Länderbahnen unterzeichnete „Übereinkommen" gilt noch heute für die Deutsche Bundesbahn und die Bahnen einiger Nachbarländer.

Abb. 118

Eine der ersten Lokomotiven aus der damals einsetzenden Entwicklung war die 1′B + B1′-Lokomotive von AEG und Krauss für die Bern-Lötschberg-Simplon-Bahn (BLS) aus dem Jahre 1909. Die

115
(1A)'(A1)'-Drehstrom-Lokomotive
von Siemens, 1901/04

116
Drehstrom-Schnelltriebwagen auf
der Militärbahn Marienfelde –
Zossen, von Siemens und AEG, 1903

117
Bo-elektrische Lokomotive mit
Einphasen-Wechselstrommotoren,
gebaut von Krauss, 1909

118
1'B + B1'-elektrische Lokomotive für
die Bern-Lötschberg-Simplon-Bahn
(BLS), von Krauss und AEG, 1909

119
1'C1'-elektrische Lokomotive für die
Badische Staatsbahn von Maffei und
SSW, 1910

120
1'C2'-elektrische Lokomotive EP 3/6,
gebaut von Krauss, 1914

121
2'BB2'-Personenzug-Lokomotive
aus dem Jahre 1923

Lokomotive war für die engen Krümmungen der Gebirgsstrecke als Doppellokomotive konzipiert und hatte 2 × 590 kW. Sie hatte ein wechselvolles Schicksal; die BLS verkaufte sie 1912 an die K.P.E.V., wo sie bis 1923 auf der Strecke Dessau–Bitterfeld Dienst tat.

Abb. 119   Eine Starrahmen-Lokomotive aus dieser Zeit ist die 1'C 1' von SSW (Siemens-Schuckert-Werke) und Maffei für die Badische Staatsbahn aus dem Jahr 1910. Sie war für 10000 V/15 Hz ausgelegt, kam aber erst drei Jahre später bei der Badischen Staatsbahn zum Einsatz, da die vorgesehene Strecke, die Wiesentalbahn, noch nicht fertig elektrifiziert war. Sie wurde deshalb für 5000 V Fahrdrahtspannung umgebaut und war zunächst auf der Strecke Murnau–Oberammergau, später auch zwischen Dessau und Bitterfeld im Einsatz. Strekkenelektrifizierung und Fahrzeugbeschaffung waren damals offenbar noch nicht richtig koordiniert.

Abb. 120   Eine weitere Lokomotive dieser Entwicklungsperiode ist die bayerische Gattung EP 3/6 mit der Achsanordnung 1'C 2' aus dem Jahr 1914. Die Lokomotive wurde von Krauss für die Strecke Berchtesgaden–Freilassing gebaut.

Allen genannten Lokomotiven gemeinsam ist der Stangenantrieb der Treibradsätze. Das lag sicher einmal daran, daß die Konstrukteure mit diesem Antrieb von der Dampflokomotive her vertraut waren. Ein Grund dürften aber auch die damaligen voluminösen Fahrmotoren gewesen sein. Diese waren nur im Aufbau der Lokomotive unterzubringen. Was lag näher, als vom Motor auf eine Blindwelle zu treiben und die Treibradsätze mittels Stangen zu kuppeln? Diese Antriebsart hat sich noch lange gehalten, wie die beiden nächsten Beispiele aus der Zeit nach dem Ersten Weltkrieg zeigen. Überhaupt stagnierte die Weiterentwicklung der elektrischen Lokomotive während des Ersten Weltkrieges und auch noch nachher völlig.

Abb. 121   Die in Abb. 121 gezeigte 2'B B 2' Personenzuglokomotive aus dem Jahr 1923 ist eine Starrahmen-Lokomotive mit zwei im Aufbau untergebrachten Fahrmotoren, von denen jeder über Stangen, Blindwelle und Kuppelstangen zwei Treibradsätze antreibt.

Abb. 122   Die (1'B) (B 1')-Güterzuglokomotive Baureihe E 77 in Abb. 122 aus den Jahren 1925/26 ist für das Durchfahren enger Kurven konstruiert. Genau genommen handelt es sich um zwei je dreiachsige Lokomotivhälften, wobei jeder Rahmenteil ein Drittel des Aufbaus trägt. Der mittlere Teil des Aufbaus stützt sich gelenkig auf die beiden Rahmenteile. Noch immer sind die elektrischen Fahrmotoren recht voluminös und können nur im Aufbau untergebracht werden. Die Beispiele lassen aber auch die Leistungssteigerung gegenüber der Zeit vor dem Ersten Weltkrieg erkennen, damals durchweg weniger als 1000 kW je Lokomotive, jetzt 1500 bis 2000 kW und mehr.

Abb. 123

In dieser Zeit, d. h. in den zwanziger und dreißiger Jahren vollzieht sich aber auch die Abkehr vom Stangenantrieb und der Übergang zum Einzelachsantrieb. Dabei hatte Krauss schon 1914 die erste Lokomotive mit Tatzlagermotor-Antrieb für Freilassing–Berchtesgaden geliefert. Die Bo'Bo'-Baureihe EG 4 × 1/1 hatte eine Leistung von 790 kW, also knapp 200 kW je Fahrmotor.

Abb. 124

Auch die 1'Do1'-Schnellzuglokomotive Baureihe E 16 hat Einzelachsantrieb. Allerdings handelt es sich um eine Starrahmen-Lokomotive, bei der zwecks Verbesserung des Kurvenlaufs der Laufradsatz mit dem folgenden angetriebenen Radsatz zu einem Krauss-Helmholtz-Gestell zusammengefaßt ist. Die Lokomotive wurde 1926 von BBC und Krauss entwickelt. Die Leistung betrug 2400 kW, d. h. 600 kW je Treibradsatz. Die vier Fahrmotoren sind im Rahmen gelagert, die Radsätze haben Buchli-Antrieb.

Dann aber konnten dank der Weiterentwicklung der Fahrmotoren mit Abmessungen, welche die Unterbringung zwischen den Rädern erlaubten, Bo'Bo'- und Co'Co'-Lokomotiven gebaut werden, bei denen die Fahrmotoren im Drehgestell Platz hatten, während der Aufbau für die Unterbringung der übrigen elektrischen Ausrüstung, des Transformators, der Schalt- und Steuergeräte, der Fahrmotorlüfter, der Bremsgerüste und des sonstigen Zubehörs zur Verfügung stand. Die Lokomotiven wurden dadurch kürzer und leichter, Laufradsätze entfielen völlig, künftig wurden alle Radsätze angetrieben. Aus den Anfängen dieser Entwicklungsperiode zwei Beispiele von Lokomotiven der Deutschen Reichsbahn:

Abb. 125

– Abb. 125 zeigt die Personenzuglokomotive E 44, die spätere Baureihe 144, die ab 1934 in großer Stückzahl gebaut wurde. Die Achsanordnung ist Bo'Bo', die Leistung 2200 kW.

Abb. 126

– Die Co'Co'-Güterzuglokomotive E 94, die spätere Baureihe 194, wurde ab 1940 als Nachfolgerin der bereits 1933 entwickelten, ähnlich aussehenden E 93 gebaut, die Leistung betrug 3300 kW.

Der Zweite Weltkrieg brachte wiederum einen gewissen Stillstand in der Entwicklung der elektrischen Lokomotive, aber nach dem Zweiten Weltkrieg kam die Generation von elektrischen Lokomotiven der Deutschen Bundesbahn, die noch heute auf unseren Strecken zu sehen sind. E 10, E 40, E 41, oder wie sie heute heißen,

122
(1'B)(B1')-Güterzug-Lokomotive aus
den Jahren 1925/26

123
Bo'Bo'-elektrische Lokomotive, erste
Lokomotive mit Tatzlagermotoren,
gebaut von Krauss, 1914

124
1'Do1'-Schnellzug-Lokomotive E 16,
gebaut von Krauss und BBC, 1926

110, 140 und 141 sind vierachsige Drehgestell-Lokomotiven, die E 50 bzw. 150 hat sechs Achsen in zwei je dreiachsigen Drehgestellen, alle mit Gummiringfeder-Hohlwellenantrieben. Anfang der fünfziger Jahre wurden zunächst fünf Probelokomotiven in Dienst gestellt, bei denen verschiedene Bauteile und Baugruppen unterschiedlicher Bauart erprobt wurden. Ab 1956 wurde dann die Serienproduktion aufgenommen, an der die drei Lokomotivhersteller Henschel, Krauss-Maffei und Krupp beteiligt waren. Die elektrischen Ausrüstungen kamen von AEG, BBC und Siemens.

125
*Bo'Bo'-elektrische Lokomotive E 44
aus dem Jahre 1934*

126
*Co'Co'-elektrische Lokomotive E 94
aus dem Jahre 1941*

128

Abb. 127   – Abb. 127 zeigt die für den Güterzugdienst im Flachland bestimmte E 40 (140), die ab 1956 gebaut wurde, Achsanordnung Bo'Bo', Leistung 3700 kW.

Abb. 128   – Die Güterzuglokomotive E 50 (150) wurde ab 1957 geliefert, Achsanordnung Co'Co', Leistung 4500 kW.

127
Bo'Bo'-Lokomotive E 40 (140) der Deutschen Bundesbahn (DB) aus dem Jahre 1957

128
Co'Co'-Lokomotive E 50 (150) der Deutschen Bundesbahn (DB) aus dem Jahre 1957

*129
Bo'Bo'-Zweifrequenz-Lokomotive
E 320 (182) der Deutschen Bundes-
bahn (DB)*

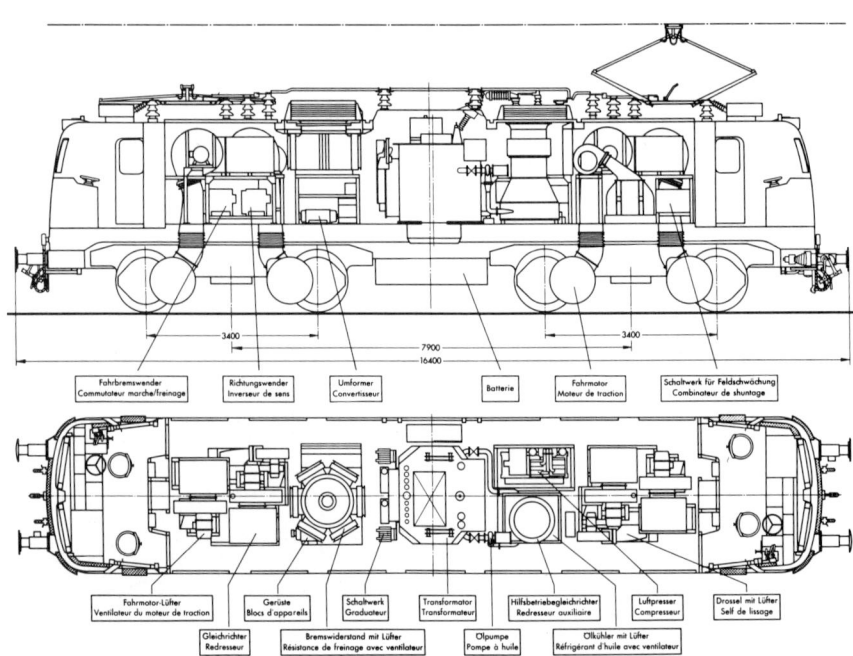

*130
Schnitte der E 320 (182)*

Für den grenzüberschreitenden Verkehr mit unseren westlichen Nachbarn wurden Mehrsystem-Lokomotiven entwickelt. Nach Frankreich und Luxemburg können die Zweisystem-Lokomotiven der Baureihe E 320 (182) fahren, die 1960 in Betrieb genommen wurden. Für die genannten Länder müssen die Lokomotiven mit 25000 V/50 Hz betrieben werden können, natürlich neben den für das Netz der Deutschen Bundesbahn geltenden 15000 V, 16²/₃ Hz. Abb. 130 läßt die aufwendige elektrische Ausrüstung ahnen, die für eine solche Universallokomotive erforderlich ist. Von den drei Prototypen wurde je eine von Henschel mit BBC bzw. von Krauss-Maffei mit Siemens und von Krupp mit AEG geliefert. Ab 1968 wurden unter der Bezeichnung E 310 (181) weitere Zweisystem-Lokomotiven in Dienst gestellt, die mit den Viersystem-Lokomotiven weitgehend vereinheitlicht sind.

Abb. 129

Abb. 130

Zusätzlich auch in Belgien und den Niederlanden können die vorerwähnten Viersystem-Lokomotiven fahren, welche die Typenbezeichnung E 410 (184) tragen. Die Fahrzeuge haben alle Einrichtungen für den Betrieb mit 15000 V/16²/₃ Hz, 25000 V/50 Hz, 3000 V Gleichstrom und 1500 V Gleichstrom, wobei 1500 V Gleichstrom für die Niederlande und 3000 V Gleichstrom für Belgien gelten.

Abb. 131

131
Bo'Bo'-Viersystem-Lokomotive E 410
(184) der Deutschen Bundesbahn
(DB)

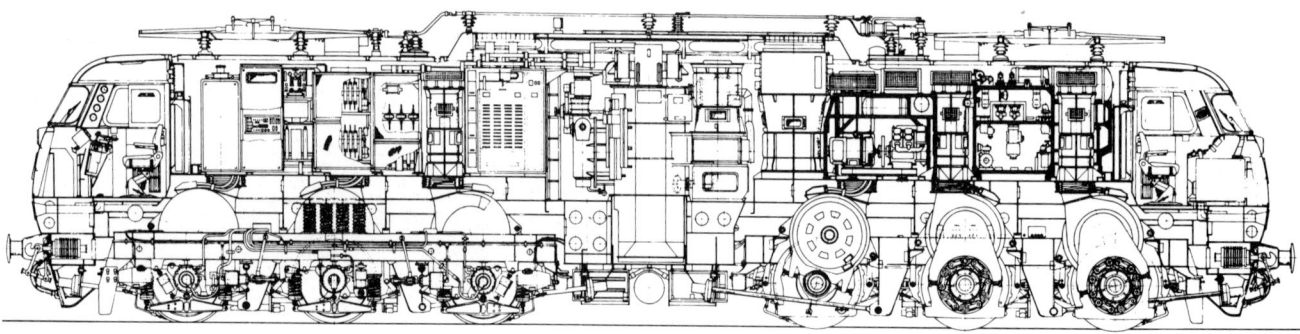

△ 132
*Co'Co'-Schnellzug-Lokomotive Baureihe 103
der Deutschen Bundesbahn (DB)*

▽ 133
Längsschnitt der Lokomotive Baureihe 103

▷△ 134
*Bo'Bo'-Universallokomotive Baureihe 120 der Deutschen
Bundesbahn (DB) mit Drehstrom-Antriebstechnik, 1979*

▷▽ 135
Schnitte der Lokomotive Baureihe 120

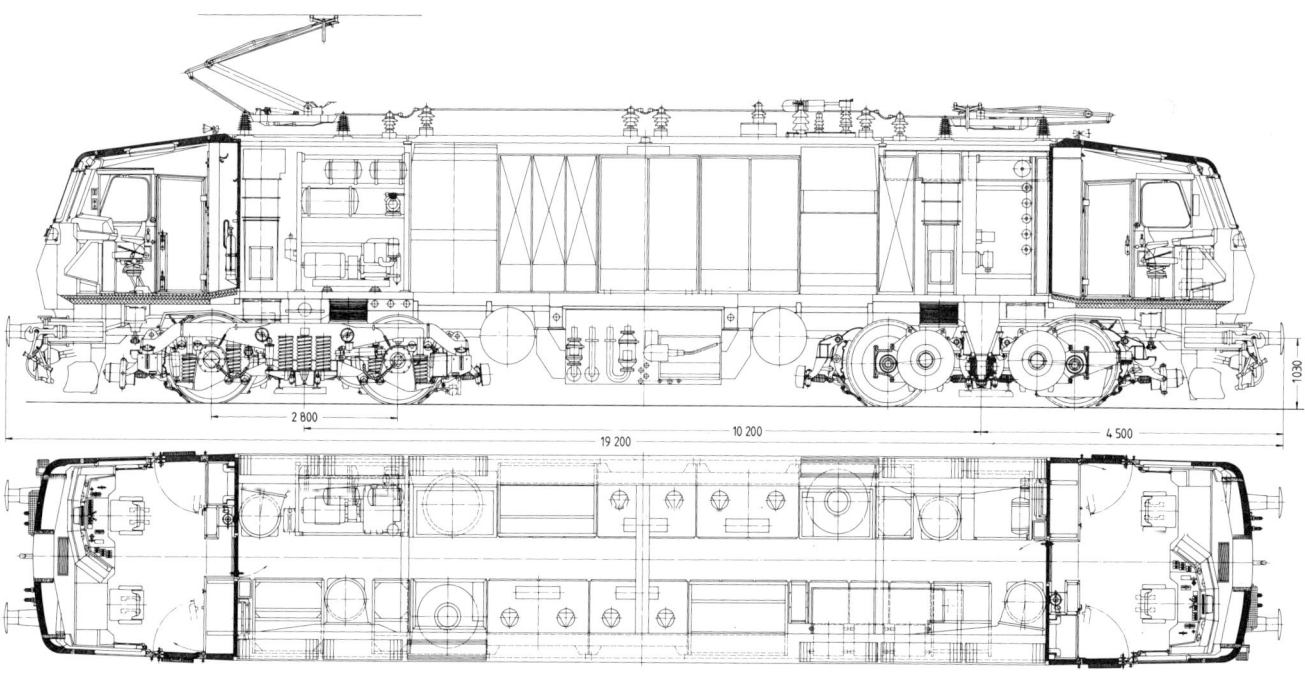

Abb. 132

Abb. 133

Als im Zuge der Ausweitung des TEE-Verkehrs die Deutsche Bundesbahn eine stärkere und schnellere Lokomotive brauchte, entstand die Baureihe 103 als sechsachsige Drehgestell-Lokomotive mit der Achsanordnung Co'Co' und einer Leistung von 7780 kW. Damit ist die 103 die leistungsstärkste elektrische Lokomotive der Deutschen Bundesbahn. Bei ihrer Konstruktion wurde besonders auf die größtmögliche Verminderung der unabgefederten Massen zwecks Schonung des Gleisoberbaus geachtet. Die sechs Fahrmotoren sind deshalb als Gestellmotoren ausgebildet, d. h. sie sind in dem gegenüber dem Gleis abgefederten Drehgestellrahmen gelagert und treiben die Radsätze über Gummiring-Kardanantriebe an. Versuchsweise wurde die Lokomotive bereits bei Geschwindigkeiten bis 283 km/h erfolgreich getestet, 250 km/h soll sie auf den Aus- und Neubaustrecken der Deutschen Bundesbahn nach deren Fertigstellung fahren. Zur Zeit ist sie im Intercity-Verkehr mit Geschwindigkeiten bis 200 km/h eingesetzt.

Abb. 134

Abb. 135

Die neueste Entwicklung der deutschen Industrie für die Deutsche Bundesbahn ist die Lokomotive Baureihe 120, mit der die Betriebstüchtigkeit der Drehstrom-Antriebstechnik auch bei elektrischen Lokomotiven erprobt wird. In diesen Lokomotiven wird der wie bisher aus der Fahrleitung mit 15000 V/16$^2/_3$ Hz entnommene Strom über eine von BBC entwickelte Leistungselektronik in Drehstrom umgewandelt. Die Drehstrom-Asynchron-Fahrmotoren werden mit variabler Spannung und Frequenz gespeist. Die Achsfolge ist Bo'Bo', die Leistung 5600 kW, das sind 1400 kW je Fahrmotor. Allein ein optischer Vergleich der Abb. 133 mit Abb. 135 macht deutlich, welche Vorteile der Drehstrom-Asynchron-Motor gegenüber der bisherigen Technik bietet. Er ist nicht nur wesentlich kleiner und damit auch leichter, er ermöglicht auch eine übersichtlichere und einfachere Drehgestellkonstruktion. Ein bedeutender Beitrag zur Verbesserung der Wirtschaftlichkeit ist die bei der Baureihe 120 ausgeführte Netzbremse, bei der im Bremsbetrieb und bei Talfahrt Energie in das Oberleitungsnetz zurückgespeist wird. Die DB rechnet im Jahresdurchschnitt mit 11% Energieeinsparung. Die Erprobung der fünf Prototypen der Baureihe 120 wurde 1984 erfolgreich abgeschlossen, die Serienproduktion ist inzwischen angelaufen. Dank der vorteilhaften Eigenschaften der Drehstrom-Antriebstechnik kann die Baureihe 120 sowohl im schnellen Reisezugverkehr als auch im Güterzugverkehr eingesetzt werden, womit sie mehrere der jetzt verwendeten Fahrzeugbaureihen ersetzen könnte. Der Gedanke, den gesamten Eisenbahnverkehr der Deutschen Bundesbahn mit nur zwei Lokomotivtypen bewältigen zu können – einer vierachsigen E 120 und einer sechsachsigen Schwester für schwere Güterzüge auf Steigungsstrekken – wird aber wohl ein Wunsch bleiben. Eine Lokomotive hat eine so lange Lebensdauer, daß immer mehrere Generationen aus verschiedenen Entwicklungsperioden gleichzeitig in Betrieb sein werden.

Neben der in groben Zügen geschilderten Entwicklung von elektrischen Lokomotiven für die früheren Länderbahnen, die Deutsche Reichsbahn und die Deutsche Bundesbahn gab es nach dem Zweiten Weltkrieg auch für die deutschen Lokomotivhersteller weitere Aufträge aus dem In- und Ausland. Es wurde aber bereits erwähnt, aus welchen Gründen der Export von elektrischen Lokomotiven bislang doch relativ begrenzt war und daß dies auch in Zukunft nicht anders werden dürfte. Einige Beispiele solcher Elektrolokomotiven:

Abb. 136

– Abraumlokomotiven für den Braunkohlen- und Erztagebau wie die in Abb. 136 gezeigte Lokomotive sind Spezialkonstruktionen für extrem hohe Achslasten. Die Lokomotive hat 34 t Achslast. Mit ihrer Achsfolge Bo'Bo' hat sie also ein Reibungsgewicht von 136 t bei 1960 kW Leistung. Die elektrische Ausrüstung ist für Wechselstrom 6000 V/50 Hz ausgelegt. Geschwindigkeit war bei diesen Lokomotiven nicht gefragt, die Hauptsache waren hohe Zugkräfte bei oft sehr ungünstigen Reibungsverhältnissen. Heute gibt es kaum noch

136
Bo'Bo'-Abraumlokomotive mit 34 t Achslast, gebaut von Krauss-Maffei, 1966

einen Markt für derartige Lokomotiven, denn sie werden durch die Bandförderung verdrängt.

Abb. 137
Abb. 138 — Die Bo'Bo'-Lokomotive für die Indische Staatsbahn wurde von Krauss-Maffei und Krupp 1958 in einer größeren Serie geliefert. Die Fahrdrahtspannung war 25000 V/50 Hz.

— In den sechziger Jahren lieferte Krupp mit Siemens Co'Co'-Lokomotiven an die UdSSR, die Fahrdrahtspannung war ebenfalls 25000 V/50 Hz.

Abb. 139 — In jüngster Zeit lieferte Krauss-Maffei 4600-kW-Lokomotiven an die Spanische Staatsbahn mit der Achsfolge Bo'Bo' und für 3000 V Gleichstrom. Die elektrische Ausrüstung kam von BBC, Schweiz.

137
Bo'Bo'-elektrische Lokomotive für Indien, gebaut von Krauss-Maffei und Krupp, 1958

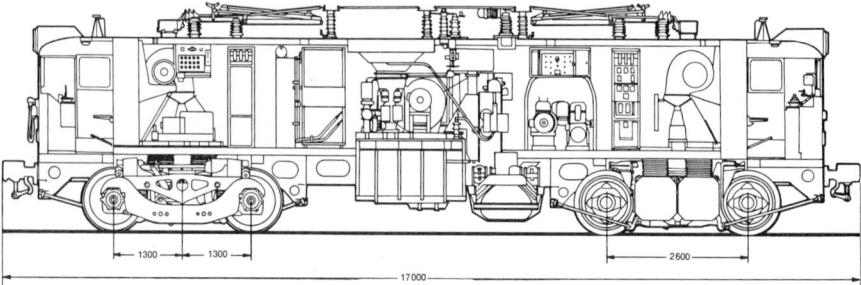

138
Längsschnitt der elektrischen Lokomotive für Indien

139
Bo'Bo'-elektrische Lokomotive für
die Spanische Staatsbahn, gebaut
von Krauss-Maffei, 1981

Diese zuletzt genannte Lieferung von elektrischen Lokomotiven an die Spanische Staatsbahn gibt Veranlassung, auf eine Praxis hinzuweisen, die bei Aufträgen aus dem Ausland in jüngerer Zeit von den Bestellern in zunehmendem Maße angewandt wird. Man beschafft zwar respektable Serien, der deutsche Lokomotivhersteller liefert aber außer der Konstruktion nur einige Prototypen. Der Rest wird im Lande des Bestellers gebaut. Im Falle des erwähnten Spanien-Auftrages handelte es sich um 40 Lokomotiven, aber nur fünf wurden von Krauss-Maffei gebaut. Die übrigen 35 bauen spanische Unternehmen.

Bei einem derzeit laufenden Auftrag der Türkischen Staatsbahn über 50 dieselelektrische Lokomotiven mit 1000 PS (736 kW) Leistung wird Krauss-Maffei die Konstruktion und 15 komplette Lokomotiven liefern. Für weitere fünf Lokomotiven werden nur die Teile geliefert, die Montage erfolgt in der Türkei. Die restlichen 30 Lokomotiven werden komplett in der Türkei gefertigt.

Wie auf vielen anderen technischen Gebieten, nähern wir uns auch auf dem Lokomotivsektor immer mehr dem Verkauf von know-how. Auch wenn dabei Lizenzgebühren hereingeholt werden, für die Werkstätten gibt es auf diese Weise keine Arbeit. Dabei sind die Hersteller der elektrischen Ausrüstungen und der Dieselmotoren in der

Regel weniger betroffen, da ihre Produkte in den Bestellerländern meist nicht nachgebaut werden.

Soweit die „Geschichte des deutschen Lokomotivbaus". Es wurde versucht, dem Leser einen Abriß der Leistungen der deutschen Lokomotivingenieure in den 150 Jahren zu vermitteln, die seit der Fahrt des ersten deutschen Eisenbahnzuges zwischen Nürnberg und Fürth im Jahre 1835 vergangen sind. Bei der Fülle des Materials und der Ereignisse war eine Auswahl unumgänglich. Der Verfasser hofft dennoch, daß er die einzelnen Entwicklungsschritte und Tendenzen dieser Jahre deutlich machen konnte.

Schlußwort

Die rund 250 000 von deutschen Unternehmen gebauten Lokomotiven haben dem deutschen Lokomotivbau in der Welt zu hohem Ansehen verholfen. Das ist zweifellos das Verdienst hervorragender Ingenieure und Wissenschaftler in den einzelnen Firmen, aber auch das Ergebnis der Zusammenarbeit und zahlreicher Gemeinschaftsentwicklungen der verschiedenen Lokomotivhersteller. Noch bis in die zwanziger Jahre unseres Jahrhunderts galten Zusammenschlüsse vorwiegend der Vertretung gemeinsamer wirtschaftlicher Interessen, erst dann setzte eine breitere Zusammenarbeit auch auf dem Gebiet der Lokomotivtechnik ein. Das damalige „Vereinheitlichungsbüro" ersetzte ab 1925 die 210 als Relikt der Länderbahnen vorhandenen unterschiedlichen Dampflokomotiv-Bauarten durch eine begrenzte Zahl von Einheitslokomotiven. Auch die Motorkleinlokomotive Leistungsgruppe II war das Ergebnis einer Zusammenarbeit der Deutschen Reichsbahn und der Industrie, ebenso die Entwicklung der verschiedenen Wehrmachtslokomotiven und die Kriegslokomotive Baureihe 52.

Nach dem Zweiten Weltkrieg übernahm die Deutsche Bundesbahn das geschilderte Verfahren für ihre Neuentwicklungen. Es bietet dem Auftraggeber ja auch große Vorteile. Mit dem Entwicklungsergebnis erhält er das gesammelte Wissen und die langjährige Erfahrung der beteiligten Industrie. Die Industrie ihrerseits hat ihren Nutzen. Sie lernt in der Zusammenarbeit die vielfältigen und umfangreichen Betriebserfahrungen der Bahn kennen. Fast alle DB-Nachkriegslokomotiven, angefangen von der V 80 und V 200 bis hin zur Baureihe 120 und den Triebköpfen des Intercity Experimental (ICE), sind in Arbeitsgemeinschaften mit der DB entstanden, wobei jeweils ein beteiligtes Unternehmen als Federführer fungierte.

Abb. 140

Bei den Entwicklungen für DR und DB dominierte die Zusammenarbeit, auf dem übrigen Inlandsmarkt und beim Export waren die Lokomotivhersteller Konkurrenten. Diese zweiseitige Interessenlage war nicht immer problemlos. Trotzdem gab es auch bei Projekten und Lieferungen für die genannten Märkte Kooperation. Im 50-Hz-Konsortium sind deutsche und ausländische Hersteller von Lokomotiven und elektrischen Ausrüstungen vereinigt, um Projekte und Lieferungen für elektrische Lokomotiven mit der im Ausland üblichen Frequenz 50 Hz zu bearbeiten. Die gelegentliche Zusammenarbeit zweier Lokomotivhersteller bei Projekten und bei der Angebotsabgabe diente der Verbesserung der Auftragschancen. Durch Fertigungsbeteiligung eines zweiten Lokomotivherstellers konnten vorhandene Engpässe des Auftragnehmers überwunden werden.

Kontaktstelle der beteiligten Industrie für alle Probleme und für gemeinsame Aufgaben ist der Verband der Deutschen Lokomotivindustrie (VDL) mit Sitz in Frankfurt (Main) und sein Technisches Gemeinschaftsbüro (TGB) in Kassel.

Diese kurzen Hinweise zur Arbeitsweise und zur Zusammenarbeit in der deutschen Lokomotivindustrie mögen genügen. Es bleibt schließlich die Frage: Wie geht es weiter?

Die Dampflokomotive hatte im Laufe einer mehr als 100jährigen Entwicklung ein hohes Maß an Betriebstüchtigkeit erlangt. Leistung, Geschwindigkeit und Wirtschaftlichkeit wurden ständig verbessert. Es kann aber kaum bestritten werden, daß das System Dampflokomotive schließlich an seine Grenzen stieß. Grundsätzliche, das System revolutionierende Neuerungen hat es nicht gegeben. Hoch- und Höchstdrucklokomotive, Turbinenlokomotive, Kohlenstaublokomotive, neue Kesselbauarten und anderes mehr blieben Versuche und konnten keine prinzipielle Änderung des Systems auslösen.

Die beiden in unserem Jahrhundert entwickelten Traktionsarten, die Motorlokomotive und die elektrische Lokomotive, weisen gegenüber der Dampflokomotive so gravierende Vorzüge auf, daß sie in den kommenden Jahrzehnten die Eisenbahntraktion beherrschen werden. Es zeichnen sich bei diesen Traktionsarten vorerst auch keine Grenzen hinsichtlich Leistung und Geschwindigkeit ab. Schon heute stehen für den Bahnbetrieb geeignete 20-Zylinder-Dieselmotoren mit 4000 PS (2944 kW) zur Verfügung. Von der Lokomotivindustrie ausgearbeitete Projekte haben gezeigt, daß bei Bedarf 8000 PS (5888 kW)-Motorlokomotiven problemlos realisiert werden können. Die elektrische Lokomotive hat schon heute höhere Leistungen aufzuweisen, wie das Beispiel der Baureihe 103 zeigt mit ihren 7780 kW bzw. 10580 PS. Trotzdem sind auch bei der elektrischen Lokomotive noch höhere Leistungen durchaus möglich.

Auch das Geschwindigkeitspotential der elektrischen bzw. der Motorlokomotive ist noch keineswegs ausgeschöpft. Wir befinden uns mitten in einem neuen Abschnitt der deutschen Eisenbahngeschichte. In wenigen Jahren werden Geschwindigkeiten zwischen 200 und 250 km/h keine Seltenheit mehr sein. Mit dem derzeit im Bau befindlichen ICE (Intercity Experimental) sollen noch höhere Geschwindigkeiten bis 350 km/h zumindest versuchsweise gefahren werden. Die wirtschaftliche Höchstgeschwindigkeit ist nicht durch die Technik der Motorlokomotive oder der elektrischen Lokomotive begrenzt, sondern durch das System Rad/Schiene, d. h. durch Verschleiß und Lebensdauer dieser beiden Systemkomponenten.

Die derzeit laufenden Entwicklungen sollen zusammen mit weiteren Maßnahmen die Attraktivität der Eisenbahn erhöhen und dazu beitragen, dem wirtschaftlichen, energiesparenden und umweltfreundlichen Verkehrsmittel Eisenbahn wieder den ihm zukommenden Platz zu sichern. Die deutschen Lokomotivbauer werden in den nächsten Jahren dazu ihren Beitrag leisten als Lieferanten der Serienlokomotiven Baureihe 120 und der Triebköpfe für die neue Generation schneller Intercity-Express-Züge (ICE) auf der Basis des Intercity-Experimental (ICE). Es ist zu hoffen, daß der dadurch demonstrierte Entwicklungsvorsprung auch im Ausland erhöhtes Interesse an der deutschen Eisenbahntechnologie wecken wird, letzten Endes auch zum Wohle des deutschen Lokomotivexports.

140
Triebköpfe des Intercity-Experimental
(ICE) der Deutschen Bundesbahn
(DB), 1985

Anhang

Kennzeichnung der Lokomotiven

Zur Beschreibung von Achsfolge und Bauart der Lokomotiven werden im Bereich des Internationalen Eisenbahnverbandes UIC (Union Internationale des Chemins de Fer) einheitliche Kennzeichen verwendet, wobei Laufachsen durch arabische Ziffern und angetriebene Achsen durch große lateinische Buchstaben bezeichnet werden. Danach bedeutet:

1   **eine** Laufachse

2   **zwei** im Hauptrahmen gelagerte, aufeinanderfolgende Laufachsen

A   **eine** angetriebene Achse

B   **zwei** miteinander gekuppelte, angetriebene Achsen

Bo   **zwei nicht** miteinander gekuppelte, angetriebene Achsen

Für die Kennzeichnung der Unterteilung des Fahrgestells werden die Kennzeichen der Achsen durch Beistriche oder Klammern erweitert und bedeuten dann:

1'   **eine** vom Hauptrahmen unabhängige Laufachse (z. B. Bissel-Achse)

2'   **zwei** vom Hauptrahmen unabhängige Laufachsen (z. B. ein zweiachsiges Lauf-Drehgestell)

A'   **eine** vom Hauptrahmen unabhängige Treibachse

B'   **zwei** miteinander gekuppelte, vom Hauptrahmen unabhängige und in einem besonderen Rahmengestell (Triebgestell) gelagerte Treibachsen

Bo'   **zwei nicht** miteinander gekuppelte, in einem Triebgestell gelagerte Treibachsen

(1A)   **ein** Triebgestell mit **einer** Laufachse und **einer** Treibachse

(1C)   **ein** Triebgestell mit **einer** Laufachse und **drei** miteinander gekuppelten Treibachsen

Bei Dampflokomotiven werden häufig noch zusätzliche Kennzeichen verwendet, wobei eine Naßdampf-Lokomotive mit **n**, eine Heißdampf-Lokomotive mit **h** und eine Verbundlokomotive mit **v** bezeichnet wird. Eine 2'C1' h4v-Lokomotive ist demnach eine Heißdampf-Vierzylinder-Verbund-Lokomotive, die vorne ein zweiachsiges Laufdrehgestell aufweist. Es folgen drei gekuppelte angetriebene Achsen und eine nicht im Rahmen gelagerte Laufachse.

Literaturverzeichnis

„DE 3000"
   Firmenbroschüre BBC/Henschel

„100 Jahre Deutsche Eisenbahn – 83 Jahre Schwartzkopff"
„Unsere Lokomotiven 1935–1938"
„1852–1927 – 75 Jahre Schwartzkopff"
   Firmenbroschüren der Berliner Maschinenbau AG vorm.
   L. Schwartzkopff

„Die Welt auf Schienen", Artur Fürst,
   Verlag Albert Langen

„Deutsche Kriegslokomotiven 1939–1945", A. Gottwaldt,
   Franckh'sche Verlagshandlung W. Keller & Co.

„50 Jahre Einheitslokomotiven", A. Gottwaldt,
   Franckh'sche Verlagshandlung W. Keller & Co.

„100 Jahre elektrische Eisenbahn",
   Hrsg. M. Benzenberg / A. Joachimsthaler,
   Josef Keller Verlag

„Krauss-Maffei 1837–1937"
„Krauss-Maffei München-Allach"
„Krauss-Maffei heute"
   Firmenbroschüren der Krauss-Maffei AG

„Die Lokomotiven der Deutschen Bundesbahn", J. M. Mehltretter,
   Motorbuch-Verlag

„Taschenbuch Deutsche Lokomotivfabriken", W. Messerschmidt,
   Franckh'sche Verlagshandlung W. Keller & Co.

„Taschenbuch der Eisenbahn Band 1: Fahrzeuge und
   Bahntechnik", H.-J. Obermayer,
   Franckh'sche Verlagshandlung W. Keller & Co.

Reichsverkehrsministerium (Hrsg.) „Hundert Jahre deutsche Eisenbahnen"
   Verkehrswissenschaftliche Lehrmittelgesellschaft, Leipzig

„Geschichte der Eisenbahn", R. R. Rossberg,
   Stürtz Verlag

„Krupp im Dienste der Dampflokomotive"
„Krupp im Dienste der Elektro- und Diesellokomotive"
   Herausgeber K.-R. Repetzki,
   Steiger-Verlag

„50 Jahre Diesellokomotiven", H. K. Stockklausner,
   Birkhäuser Verlag

STUG-Broschüre „Kohlenstaubfeuerung auf Lokomotiven und in ortsfesten
   Anlagen"

„125 Jahre Henschel-Lokomotiven"
„Henschel heute"
   Firmenbroschüren der Thyssen-Henschel AG.

„Die Deutsche Lokomotivindustrie im zweiten Weltkrieg",
   Broschüre der Vereinigung Deutscher Lokomotivfabriken

Prospekte und Kataloge nachstehender Firmen:
   AEG Aktiengesellschaft, Brown, Boveri & Cie. AG., DIEMA GmbH.,
   Klöckner-Humboldt-Deutz AG., Krauss-Maffei AG.,
   Krupp Industrietechnik GmbH, Krupp MaK Maschinenbau GmbH,
   SCHÖMA, Siemens AG., Thyssen-Henschel AG.

Bildquellen-Verzeichnis

AEG Aktiengesellschaft	54, 116, 126, 128, 129, 130, 131, 136
Berliner Maschinenbau AG, vormals L. Schwartzkopff	29, 70, 71, 86, 89, 91
Borsig	73, 81
Bundesbahn-Zentralamt München	94, 104, 109
Deutsches Museum	8, 15, 19, 22, 37, 44, 59, 61
Maschinenfabrik Esslingen	21, 56
Klöckner-Humboldt-Deutz AG	55, 85
Krauss-Maffei AG	1, 2, 4, 5, 7, 9, 10, 11, 12, 14, 18, 24, 27, 31, 32, 33, 34, 35, 36, 38, 39, 40, 41, 45, 46, 47, 51, 52, 65, 67, 68, 69, 75, 79, 80, 87, 88, 93, 95, 96, 97, 100, 101, 105, 111, 118, 119, 120, 122, 123, 124, 125, 127, 132, 133, 134, 135, 137, 138, 139
Krupp Industrietechnik GmbH	74, 76, 78, 83, 84, 90, 107, 113
Krupp-MaK-Maschinenbau GmbH	106, 108
Linke-Hofmann-Busch GmbH	25
Ralf Roman Rossberg	113, 140
Ernst Schörner	3, 6, 17, 42, 60, 62, 82, 92, 117, 121
Siemens AG	53, 115
Thyssen Henschel AG	23, 43, 48, 49, 63, 64, 66, 72, 77, 103, 110, 114
Verfasser	13, 30, 50, 57, 58
ZEV – Glasers Annalen	98, 99, 102, 107, 112